预见最真实的自己：

梦的心理学

THE NEW SECRET LANGUAGE OF DREAMS

〔英〕大卫·方特那 著

宋易 译

北京联合出版公司
Beijing United Publishing Co.,Ltd.

DAVID
FONTANA

图书在版编目（ＣＩＰ）数据

　　预见最真实的自己：梦的心理学 /（英）方特那著；宋易译 .—北京：北京联合出版公司，2013.5（2023.5 重印）

　　ISBN 978-7-5502-1548-1

　　Ⅰ . ①预… Ⅱ . ①方… ②宋… Ⅲ . ①梦—精神分析 Ⅳ . ① B845.1

　　中国版本图书馆 CIP 数据核字 (2013) 第 109395 号

　　北京市版权局著作权合同登记号：图字 01-2013-3642 号

预见最真实的自己：梦的心理学

作　　者：［英］方特那
译　　者：宋 易
出 品 人：赵红仕
责任编辑：王 巍　朱家彤
封面设计：吴黛君

北京联合出版公司出版
（北京市西城区德外大街83号楼9层 100088）
北京新华先锋出版科技有限公司发行
三河市宏达印刷有限公司印刷　新华书店经销
字数150千字　787毫米×1092毫米　1/16　15印张
2013年8月第1版　2023年5月第3次印刷
ISBN 978-7-5502-1548-1
定价：69.00元

目 录

关于梦境暗示、心境暗示和梦工厂：

梦境暗示和**心境暗示**被囊括在本书的诸多插图里，用以辅助解读。它们旨在为不同的意境建立联系，让身处不同环境、体验不同梦境的读者能从同一个梦之符号里获得各种可能的含义。

梦工厂是本书的重点之一——共有 25 个。它们旨在通过对梦境进行现实生活行动上的解读来提供实际指引。做梦人的名字均做了保密处理。

第一章

未知的梦世界

在每晚入睡之后，我们都会去寻访一个非同寻常的国度。在那里，清醒时的逻辑思维、现实、常规都将失效——这就是奇妙且神秘的梦境。在那里，异想天开的经历、生物以及变形都是家常便饭。但是这些都有什么意义呢？我们究竟为什么要做梦？在这一章中，随着这条梦境探索之旅的开启，我们便踏上了寻求这些答案的征程。

梦的旧时光

几乎可以肯定，人类在进化出语言之前，就已经开始做梦了。早期的洞穴壁画蕴含着一种梦境特质：它们所描绘的动物和事件常常更具印象主义特征，而非写实主义。对于前科学思想时期的早期人类来说，梦境和现实世界之间也许天然地彼此交织在一起。在人类存在的初期，外部世界和内部世界之间的界限——一方面是客观世界，另一方面是个人的体验和想象——也许一直都比较明晰。

几个世纪过去之后，关于神和灵性的存在，人类已经达成共识。大多数人在他们的日常生活中都看不到这种存在：人们相信它们隐藏于其他维度之中。当然，在梦境之中，正常的时间和空间规则都不适用——这里会出现怪异的人物，也会发生离奇的事情。因此，我们的祖先自然就会认为梦来自自我之外，而且可能来自冥世。

不应该仅仅把梦作为迷信而不予理睬。在早期人类的内部和外部生活中，梦也许都是不可或缺的一部分。它让人类相信，他们是在接受某些形式的灵性指引——也许还包括迫在眉睫的危险警告。甚至有可能是某些启示，例如构建复杂文明以及操作石器、锻炼贵重金属，这都是从同一种途径得来的——梦之幻境。

隐秘的梦境

早在公元前 2000 年，古埃及人就留下了记录，这些记录不仅向世人展示了可能是梦境的信息，似乎还蕴含着某些隐秘的意义。祭司能够获取威信，其中一部分是因为他们的解读能力，来自切斯特·贝蒂藏馆（Chester Beatty Collection）的纸莎草纸就揭示了一些祭司使用的解析准则。

据西格蒙德·弗洛伊德（Sigmund Freud）和之后的心理分析专家称，有一条准则指出，可以通过某种关联解析梦境中的影像。打个比方，如果你梦见一只鞋或者一艘船，这些信息也许与旅行和水有关，也许就在告诉你，你大概可以经由水路完成一次旅行，或者你即将走水路去旅行。

埃及的解梦指南还提到了相似词。如果梦中物品的名称与另一个完全不同的东西相似，那么它也许代表的是另一种东西。比如，在英语中，雨（rain）也许暗示着火车（train），而扇子（fan）也许暗示着男人（man）。还有一个观点是说，梦也许是相反的——一个不愉快的梦也许暗示着好运。

根据不同情况，应该使用哪一条准则取决于祭司。显然，梦境解析并不困难，也没有捷径可言。祭司也许会考虑到个人的境遇，甚至是梦境唤起的情感。也许还会寻求神灵的帮助，因为人们向来认为梦起源于灵性世界，那个世界的法则与我们这个世界很不一样。从根本上说，梦是月和夜的产物，高深莫测，而它们本身就是一个谜。

一直以来，古埃及人不仅探索解梦之法，而且还曾尝试引导梦的发生。最著名的方法就是，祭司会让做梦人摄入一定剂量的麻醉性草药，然后让他躺在神殿中，第二天一早祭司则会现场解梦。

受埃及人的影响，同样先进的巴比伦（也就是现在的伊拉克地区）人也发展了类似的梦境解析和引导方法，早期的犹太人也是如此。

谁安排了我们的梦？

古希腊人在很多领域——比如艺术、哲学和土木工程——都领先于现在的我们，而且我们不能随意摒弃他们有关现实本质和人类意识的看法。他们为解读和促发梦境建造了许多专用的神殿，这证明他们对人的内心世界有着深刻认识。梦也被看作是一种诊断和治疗疾病的方式，尤其是那些由阿斯克勒庇俄斯（Asclepius）（直到今天，他的蛇杖都被看作是医药艺术的象征）在埃皮道鲁斯（Epidaurus）的疗愈堂经历的那些梦。据说，医神阿斯克勒庇俄斯有时会出现在做梦人的梦境之中，传授做梦人治疗的本领。

　　公元前5世纪，现代医学中一位天赋异禀的先驱希波克拉底（Hippocrates）称，疗愈梦不仅源自神灵，还源自身体本身。实际上，我们的身体知道自己哪里出了差错，甚至还有可能知道治愈方法。哲学家亚里士多德更深层次地阐述了这个观点，他提出，某些身体状态也许会影响梦的内容。如果你在晚上觉得太热了，那你就有可能会梦见火。这便凸显了解梦时将所有感觉纳入考虑范畴的重要性：事物给予你的感觉与其表象也许同等重要。

　　古希腊人和古罗马人也相信，梦既能让你误入歧途，也能将你引上正道。诗人荷马（Homer）的《奥德赛》（Odyssey），以及后来的维吉尔（Virgil）的《埃涅阿斯纪》（Aeneid），都向我们展现了同样逼真的影像。真实的梦经由角门找到我们，而虚假的梦则经由象牙门，这些门也很漂亮——这是在提醒现在的解梦师，最具吸引力的分析方式也许并不是最正确的。

　　人们认为智者的梦是神灵安排的——或者上帝。而重复出现的梦则有着特别的意义。亚里士多德的前辈苏格拉底在他完整的一生之中，于不同的时期以不同的方式重复地做着同一个梦，但是这个梦一直都传递着同样的一条信息："苏格拉底，练习艺术，培养艺术。"敞开你的心扉接受缪斯女神带来的智慧和美丽的嘉奖。苏格拉底知道，创造力和梦的联系非常紧密。

梦是现实的预演

在所有的灵性传统中，都有梦的一席之地。在《希伯来圣经》（*Hebrew Bible*）中，神告诉亚伦（Aaron）和米利亚姆（Miriam），如果以色列人中存在真正的先知，"我……将会在梦中与他对话"。约伯（Job）也提起过梦与神灵之间的关系："当人类进入深度睡眠……神就会打开人类的耳朵，传授他们指示。"梦在《新约圣经》（*New Testament*）中同等重要。例如，神在梦中警示了约瑟夫（Joseph），他的婴孩耶稣（Jesus）将会面临危险。

藏传佛教一直以来都在强调做梦的重要性。宁玛派（Nyingma sect）主张梦是死亡的预演，目的是让我们每天晚上都能预先体验到死后会进入的连续舞台，我们会经由此处从今生过渡到来世。我们应该想方设法对做梦过程进行有意识的操控，因为这个技巧可以让我们有能力对死后遭遇的事情产生影响。如果没有成功，那么我们死后就会被业（karma）（我们前世的行为会影响到来世的生活）的力量带走，进而失去由死亡和即刻而至的来世带来的灵性发展的机会。

印度教老师已经说过，圣哲贤士的知觉意识会在有梦和无梦的睡眠中融会贯通——深度睡眠状态下思想已不存在，但是意识依然清晰而且能被完全感知。

我们在西方的神秘学派中也能找到相似的观点——"神秘"信

仰和修行的范畴包括炼金术、占卜和巫术。这些都在告知我们睡眠不应该被浪费在无意识的状态中，而要被视为我们灵性旅程的一部分。

沟通现实与梦境的人

世界上各种不同的秘传教派都是基于对自然及其隐藏力量的特殊感知。大家比较熟悉的有萨满巫师，他们是连通物质世界和精神世界的渠道。萨满巫师常常会陷入一种由出神、草药、有节奏的击鼓声、不断念诵的咒语以及梦所引发变化的意识状态中。尤其是梦被看作是一种可触碰的基础自然力（常常表现为所谓的驾驭动物的形式）和灵性世界的现成方法。在灵性世界中，萨满可以与逝去之人的灵魂取得联系，了解族人所患疾病的起因和治疗方法。

在萨满巫师眼里，灵性世界的真实性与现实世界——一个充满了无限可能的现实世界——相比，有过之而无不及。灵性遍布生者世界，而且能够或好或坏地影响生者。在澳大利亚原住民的观念中，我们的物质世界甚至也是在黄金时代（Dreamtime）建造的，当时的先民们横跨陆地，规定其物质形式，让人类落户于这个世界，教给他们语言，传授他们仪式和律法。然而，澳大利亚原住民还强调了，黄金时代仍然存在，而且会永远存在下去，永不终结。正是创造性的力量构建了我们的整个宇宙。

梦的实验室

科学知道我们会做梦——做梦引起的大脑节奏改变客观地证明了这一点，但是它不知道我们为什么会做梦。有人说梦的出现是因为某种心理或者身体目的，但是究竟是什么目的仍然是个很具争议性的问题。意识分为如此多的区域，还有大量的未解之谜，科学还有很长一段路要走。

清醒的边缘

但是，有关睡觉和做梦的技巧人们有着一致的看法。我们所了解的大部分信息都来自睡眠实验室的实验，在这里志愿者会被连接到设备上以监控他们在睡觉时的大脑活动、心跳、肌肉活动和眼睛的运动。结果显示我们在整个晚上会经历不同的睡眠阶段或程度。在睡眠刚开始的几个小时里，我们会逐渐与外部世界隔离开来，经过连续三个逐步加深的睡眠阶段之后，我们会进入第四个也是程度最深的阶段。在这个阶段，我们的呼吸很慢而且很有节奏，我们的血压、心率以及体温会降低，身体运动也会停止，我们的脑波也会从每分钟四圈到八圈减少到每分钟半圈到两圈。

大约三十分钟之后，事情会再次发生改变，我们会重新经历所有阶段，直到回归第一阶段。很多与第四阶段有关的生理变化都会逆转：大脑和心脏的功能会恢复到接近清醒的状态，身体会越来越活跃，眼球也会在闭着的眼睑后面移动。这种快速的眼睛运动期有个专门的名称——快速眼动睡眠（REM sleep）。

在这个阶段，我们看似处于清醒的边缘，但奇怪的是，其实此时往往较难唤醒睡觉的人，因此，这个阶段有时也被称为"异相睡眠（Paradoxical Sleep）"。因此，清醒时和深度入睡时的状态是不一样的，一些权威专家将其看作是一种不同状态，这就是我们常常体验到的第一个插曲——清晰梦时期，这样的事实证明了专家的观点。

一般来说，第一个阶段的快速眼动睡眠不会超过5到10分钟，接下来我们会回到更深层次的睡眠，然后再次进入第四阶段。因此，快速眼动睡眠与所谓的非快速眼动（NREM）睡眠在整个晚上会交替进行，整个循环通常会重复4次到7次。似乎每重复一次，快速眼动时期便会延长，在醒来之前会达到最大值20到40分钟。

成年人平均每晚花费在快速眼动睡眠上的总时间大约为一个半小时。随着我们年龄的增长，总时间会逐渐减少，而新生儿的睡眠有60%都是处于这种状态。（他们做梦吗？如果要做，他们都梦见了些什么？很遗憾，他们还不会说话。）甚至还有证据显

示我们在非快速眼动睡眠过程中也会做梦，虽然这些梦的种类不同。在快速眼动睡眠中，这些梦逼真生动，而在非快速眼动睡眠中，它们则混沌朦胧。一些做梦人说非快速眼动阶段的梦似乎发生在一个弥漫着大雾的压抑世界里，当中的景物形色暗淡，能量水平很低。

入睡后的 90 分钟

如果观察一个正处于快速眼动睡眠状态中的人，你能看到他眼睑后面的眼睛在不停地活动。他们也许是在观看梦境中出现的场景——在快速眼动睡眠期间被唤醒的受验者所描述的梦中发生的事情与他们的眼睛活动是一致的。我们还了解到，在快速眼动睡眠期间，脑部活动的类型跟此段时间做梦时发生的事情相类似。

如果你很难回忆起自己的梦，可以让他人在你快速眼动睡眠期唤醒你，或者设置一个会在你入睡大约一个半小时后响起的闹钟。你甚至可以买一个能够感觉到快速眼动睡眠开始的眼罩。眼罩里有一个会闪的灯，亮度恰好能告诉你你正在做梦，但不会让你醒来。此时你就该把梦记在心里。

神灵赐予我们梦境？

即使那些声称自己从不做梦的人，在快速眼动睡眠时被唤醒后，也能描述自己的梦境。这表明了两点：首先，这些人只是不记得自己做了梦；第二，他们做的梦太普遍，因此无疑会产生一种基本作用，哪怕我们并不记得它们。

究竟是什么作用呢？一般来说，有两种解释：生理学上的解释和解析学上的解释。生理学理论认为，大脑中的物理过程会促进梦的发生。比如，有种观点是说脑干会随机往大脑的较高区域发射信号，这些区域会随之运用储存的记忆来搞清楚这些信号的意思——一种有助于保存并加强这些记忆的过程。另一个相似的观点称，梦是大脑处理且加固清醒世界的经历并过滤无用信息的方式。

生理学理论坚持梦的内容是不合逻辑的，因为在睡觉的时候，我们无法将脑袋中发生的事情与外部世界的真实情况联系起来。根据这个观点，虽然梦与有用的大脑活动相互联系，但是梦的内容根本不重要。

各种各样的心理学理论无法解释为什么梦的内容总是有很强的叙事性。梦常常会讲述一个清楚而且前后一致的故事，而且能够为思考和推理抛出新思路，而不是一种与清醒世界完全隔断而且混乱的回顾。如果梦确实与现实世界有联系，那它们便可以对现实世界加以转变和详述，展现出一种强大的创造性。梦似乎承载了某种意图：它们可以刺激、启发我们，有时还会吓唬我们。就像是一本神奇的图画书，常常会提供一些意想不到的可能性。

解析学理论也考虑到了这些因素，并坚称，梦并非代表随机或者无用的信息，而是为意识的运作方式提供了深刻的见解。因此，我们应该学会记住并且解析自己的梦。它们不仅可以帮助我们理解自己本能、冲动和观念的源头，还可以帮助我们更好地利用自己的潜能。这让我们想起了古希腊人的理论：梦也许不是神赐予我们的，但是它们仍然拥有引导和培养我们创造力与想象力的能量。

弥补错过的梦

科学证据指出，对于我们的身体健康来说，梦必不可少。其实它们非常重要，而且我们睡觉的目的之一似乎就是做梦。在睡眠剥夺（sleep-deprivation）实验中，志愿者会保持长时间的清醒状态，开始在大脑清醒的情况下体验大量的睡梦想象（dream phenomena）。

最重要的早期心理学家之一卡尔·荣格（Carl Jung）坚称，我们其实一天二十四小时都在做梦，只不过在睡觉的时候，我们的大脑才得以平静下来感知到这些梦。如果真是这样，那便支持了这样一个观点：睡觉的作用是让我们开始察觉梦境，从而将梦的洞察力融入我们清醒的生活中。

在另一个实验中，每当志愿者进入快速眼动睡眠时，就会被唤醒，使其丧失快速眼动睡眠期。连续几个晚上这样做之后，他们的大脑便会更加频繁地试图去体验快速眼动睡眠，而一旦允许志愿者重新正常睡眠之后，整个晚上的大多数时间都会用于快速眼动睡眠，甚至会以较深度的睡眠为代价。大脑需要特定额度的逼真梦境，如果必要，它会弥补自己错过的梦。

梦对于我们的生活非常重要，但是为何我们仍然没有完全弄明白？毫无疑问，未来的研究定会帮助我们弄清楚。

半睡半醒之间的半世界

如果你在入睡的过程中观察自己，也许会发现半睡半醒之间存在着一个奇怪的半世界，在这个世界中，你会窥见一些奇怪的画面，或者感受到大量的念头。但是，回到完全清醒的世界之后，你只能想起很少或者完全想不起这些念头。这被称为入睡（hypnagogic）状态。很多知名的艺术家的报告称在这种状态期间接收到了奇异古怪的景象。超现实主义画家萨尔瓦多·达利（Salvador Dalí）将梦境中的景象与现实世界中的景象结合在了一起，训练自己在入睡意识中自由出入，以此来获取创作的灵感。

梦的无声剧

大脑和宇宙自身都充满着秘密，只要我们还被困在世俗的观念之中，那便永远无法探究这些秘密。我们的存在应该是个体存在和物种存在的统一，这是最神秘的观点之一。在那个范围内，大脑的本质提出了一些最为有趣的问题。我们有肉体，而大脑是个身体器官，但是意念（mind）包括了思想、记忆、情感、动机、希望、恐惧、焦虑、幸福和梦，所有的这些都是无形的。即使那些声称意念不过是大脑功能总和的人，也无法解释大脑的电化活动怎样产出意念的无形戏剧。世界上伟大宗教的灵修传统，以及某些学术前沿的神经病学家和大脑科学家都认为，意念无法在大脑中找到，而且意念甚至可以是通过大脑作业产生的某种无形存在，将大脑作为有形自我和无形意念之间的连接点。这种观念明显与灵魂概念有关联，而且与超越有形死亡的生命有关联。

我们的想法来自何方？

如卡尔·荣格所说，意念最大的秘密之一在于，我们不知道其止于何处。我们只"存在"于一小部分的意念之中，显意识的意念，从本质上说，就是控制日常生活正常行为的那一部分。我们可以"感知"我们周围的世界，我们的思想，我们做出的决定，我们喜欢或者不喜欢的东西，为了解生命意义所付出的努力，以及我们在爱、怜悯和产生共鸣时所体会到的情感。但是意念远不止这些。

我们的想法来自何方？此刻意念一片空白，下一秒便出现了一个想法。在它到来之前它身处何地？如果它不存在，那它是怎么形成的？在某些神秘的层次上，想法被创造出来，然后引起我们的关注。然而，这是怎样的一个层次？我们不知道。我们为其发明了一个名词——潜意识，但是名词并不是解释。想法的到来向我们证明了潜意识的存在，但是我们对它的认识少之又少。在睡觉的时候，显意识的意念会关闭，然后我们便进入到潜意识层面，在此处，我们体会到潜意识为我们创造的奇怪的梦。

两位最优秀的潜意识探险家弗洛伊德和荣格认识到，潜意识包括三个明确的层面，每一个层面都是我们理解梦所必不可少的。它们是：

前意识

前意识由大量的事实和记忆储备组成，这些事实和记忆不仅每时每刻都存在于显意识意念中，而且每当我们需要它们的时候，随时都可以召唤。

个人潜意识

个人潜意识也是由成千上万的事实和记忆组成，但都是一些我们似乎已经忘记了的事实和记忆——只有在特殊情况下才能想起。

集体潜意识

这是一种隐藏的思想储备，每个人都有可能接触到集体潜意识，无论来自何种文化背景。是荣格发现了集体潜意识，它排在个人潜意识之下。

梦：宣泄压抑的情感
——弗洛伊德

作为精神分析学的发明者，弗洛伊德还将梦的心理重要性引进了西方科学。在考取医学博士之后，弗洛伊德将其注意力转向了对神经机能病和意念之谜的研究。他在典著《梦的解析》（*The Interpretation of Dreams*，1990）中指出，梦为潜意识的内容提供了最好的线索，在他看来，潜意识便是大多数心理问题的源头。弗洛伊德主张梦其实是对被压抑情感的一种"宣泄"，尤其是那些忍受着性欲的人们。梦的内容大部分是象征性的，因为很多内容都会让意识觉醒。

弗洛伊德认为，通过自由联想（free association），最能解析梦的意义。在自由联想过程中，当事人要为每一个梦符号提供联想链接。

神秘的超个人心理学
—— 荣格

荣格是医学博士，也是弗洛伊德早期的合作者，他是心理学最出色的质疑专家。他不同意弗洛伊德提出的性压抑的重要性，并认为我们做梦的大部分动机来自一个更深、更灵性的源头。和弗洛伊德一样，荣格认为梦是洞悉潜意识的最佳途径，但是和弗洛伊德不一样的是，他将梦看作是有创造性的、有远见的事物，而不仅仅是欲望满足。

荣格在应对心理疾病病人时，开发了一种方法，被称为分析性心理治疗（analytical psychotherapy）。这种方法现在仍被广泛使用，治疗师会鼓励病人详细地描绘他梦中出现的事物的原型，以获得更充分的自我认知。荣格的研究对于超个人心理学（transpersonal psychology）非常重要。超个人心理学研究的是灵性和神秘状态，以及这两种状态对于我们生活的意义。

解读自身存在的秘密

我们在日常生活中随时随地都可以接触到前意识，它很好理解，但是个人潜意识更加复杂。通过游览一处我们小时候非常熟悉，但是已经多年未见的地方，回想在此处所发生的事情，可以解释其运作方式。从我们看到那些曾经熟悉的场景开始，我们便会再次获取失去的儿时记忆和情感。我们注意到一切已经发生了改变，而且能记起它们过去的样子。我们回想起遗忘了很久的脸庞、遗忘了很久的景色（也许是步行），以及遗忘了很久的伙伴的声音。所有的这些记忆都被储藏在个人潜意识中，它们已经被尘封在此多年。当我们突然看到一张家人在很多年前度假时照的已然褪色的照片时，也会有这样的感受。

对于弗洛伊德和荣格，以及那些今天仍在使用他们的心理治疗方法的心理学家和精神病专家来说，我们很多（也许是大多数）的心理问题都起源于我们的人生初期。儿童时期与父母、老师、其他小孩的往事，以及儿时遇到的所有人和所有事情，都会在我们身上留下印记——或好或坏。我们很多的态度、兴趣以及爱好都能在这些经历中找到源头。我们厌恶的东西也是如此，更重要的是，我们的焦虑和情结也是如此。贮存在个人潜意识深处的便是大部分真我的源头。通过接触个人潜意识——自发地通过梦境，或者通过心理治疗和催眠之类的技巧——的内容，我们能够帮助自己理解自身存在的秘密。

我们的意念止于何处?

进一步深入潜意识,荣格发现了位于个人潜意识之下的第三层潜意识,将其称为集体潜意识。我们从历史、跨文化,以及在进行心理治疗时被带至表面的潜意识资料中获取的证据强烈表明,与前意识和个人潜意识属于个体和私人这一点大不相同的是,集体潜意识是全体人类所共享的。实际上,集体潜意识是我们心理的共同遗传基础,这就类似于我们的生命机理是我们身体的共同遗传基础。所谓"我们不知道意念止于何处"指的就是集体潜意识。

集体潜意识不仅跨越了人种,也跨越了历史,似乎还延伸到了灵性和神秘主义领域。通过集体潜意识,我们可以接触到无限的可能性。我们很多更加深刻的创造性洞察力和充满想象的创作——画作、建筑、音乐、诗歌等——都是源于集体潜意识。也许我们还能通过集体潜意识找到通往神性的道路。

寻找更深层次的灵感

集体潜意识充满了无穷的心理能量。这意味着只要它们作为象征符号,即代表着某些根深蒂固的品质或动机的画面——出现在意念之中,就会引起我们的注意。当我们梦到这种象征符号时,认出它可以让我们领悟其包含的能量。荣格将这种符号称为原型（archetypes），公元 1 世纪的哲学家亚历山大里亚的斐洛·尤迪厄斯（Philo Judaeus of Alexandria）首次使用此术语。原型会以智者、英雄、寓言般的野兽或者神的形式出现。这些人物或者生物通常会出现在神话、传说或者童话之中。虽然其中大部分都是虚构的，但是这些故事都会在不同的文化中出现，通过讲故事的途径来启发人类去证明集体潜意识。

原型的影像通常出现在梦的第三阶段，这种梦常发生在人生的重要转折时期，如青春期、初为人父母时、中年期和老年期，以及遭遇心理危机和灵性危机的时候。梦中的原型能够为我们提供指导和方向，有时会警告我们可能出现判断错误，或者帮助我们获得更深层次的灵感。它们会开启通往集体潜意识的大门，带领我们感知与身边人和自然界之间的亲密互动，然后帮助我们摆脱生活不尽如人意时的孤立无援之感。

原型的梦符号可以通过围绕在它们周围的光感——换言之，一种让人敬畏并给人启示的氛围——识别出来，仿佛我们正站在深层次奥秘的门槛上。它们似乎要带领我们超越习惯的心理现实范畴。这些画面会让人记忆深刻，因此会存在于意念中很多年。

梦也许要将他们的原型特征归因于原型人物，例如那些会在下文中描述到的人物，或者归因于原型事件，例如变形、会说话的动物、飞翔的感觉以及超自然体验（例如穿墙术）。一些做

梦人甚至报告了神秘体验，例如自我会无限扩大，似乎能够包罗万象。

那些以明确的男性或者女性样貌出现的原型其实代表着我们都拥有的特性，因此才会产生与男人或者女人类似的联系。

让意念接受原型的一个方法是研究并默想原型的图像，例如塔罗牌上的图像。让它们与你"交流"，也就是说，刺激你产生与它们相关的创造性思维和观念。如果可以，和它们对话，并试着在睡着的时候也让它们存在于你的意念之中。

梦中年长的智者原型通常会是巫师、老师，或者其他的权威人物，例如向导或者天神。这种原型象征着智慧和创造性活力的最初源头。为了改变或者发展，这些智慧和创造性活力可以治愈，也可以毁灭。

英雄在世界上很多伟大的神话中都扮演着一个重要的角色。他代表我们努力想要成为优秀的人和高贵的人，也代表着我们探索、搜寻的一面——想要找到生命中基本问题的答案。通常梦中如果遇到心理上或者身体上的挑战，便会出现英雄原型。

大地母亲代表着自然、繁育力以及地球深层次的奥秘。但是，和很多原型一样，她也拥有消极的一面——代表有控制欲和占有欲的母亲，或者创造咒语的人（掠夺他人独立行动的能力）。她对我们的心理和灵性的发展有着很大的影响，代表了很多女性奥秘和力量的本质。

神圣的婴儿象征着重生、纯洁、未堕落的智慧，代表着新机遇的降临；还有，对个性和完美的追求，力求摆脱贪婪和自私的自我。

漂亮的小女孩象征着凭直觉获知的智慧，获取很多人生奥秘的机会。小女孩常常通过向英雄展示前进的道路，并提供一些英雄完成任务所需的象征性物品（例如钥匙或者仪式刀），来补充英雄的不足。

骗子是一切扰乱人类完美计划的东西，但是他会展现出黑暗和光明两个方面。爱开玩笑和会变形的人，他可能心怀恶意，但常常强迫我们重新评估我们已经确立的思考方式。

阴影代表着我们的黑暗面，代表着我们不想完成或者我们内心不能面对的事情。它常呈现出沉默的形态，是一种令人不安的存在，或者代表身边怀有敌意的人，常常会引出做梦人内心强烈的恐惧感和愤怒感。承认影子的存在，我们就有可能应对它，并将某些负面的能量转换为某种正面的东西。

伪装人格可能会以有点儿熟悉的陌生人、稻草人或者流浪汉的形式出现。它是我们用来面对这个世界的面具——一种真我与社会角色之间的妥协。如果我们将其误认为是真我，伪装人格就会有害于我们。

女性意向有时与漂亮的小女孩是同义的，代表着男人和女人体内固有的女性直觉，但是通常会被男人忽略。她充当的是做梦人的向导，解释了怎样用新方法探索内在的自我，引领智慧和自我认知。

男性意向代表着女性体内存在的男性化能量，有时在梦中会以英雄的形象出现。他象征着果断、勇敢无畏的特质，但是女人并不总是能明白自己拥有这种特质。通过自我探索，可以获取其价值，并被清醒的自我所接纳。

几何形状同样也可以是原型，这种原型很好辨认。圆形象征着整体性和完整性，是开始与结束的综合，归根结底还是象征着神性。正方形表示可靠性，代表着四个方向、四种元素，以及地球。向上的三角形代表着我们的灵性渴望，向下的三角形代表着向这个世界倾泻灵性物质。六角星象征着这两种三角形的力量的融合，而五角星则代表着希望和人类。最后，十字代表神和人类的统一，垂直线和水平线表示唯一、完美的爱情。

解梦的大师

很多心理学家也已经研究出了很多解梦方式。格式塔疗法（Gestalt Therapy）的开创者、著名的心理学家弗里茨·皮尔斯（Fritz Perls）认为，梦象征着未完成的情感业务，而梦中的人和物都能在做梦人自己身上影射出来。皮尔斯开发了角色扮演技巧，他指出，他的当事人"忙于"梦见人物和物体，然后改换角色来提供答复。通过对比，瑞士精神病专家梅达德·鲍斯（Medard Boss）贬低象征主义和潜意识的重要性，从而主张梦表达的是显意识的欲望。这样一来，他们更多关注表面的评估，一种集中于第一层梦境的方法，而不是第二层、第三层。

1 号梦工厂

做梦人

彼得，35 岁，一名成功的广告总监，有能力享受奢华的生活方式。在最近一次前往非洲的家庭旅行之后，他感到自己想要一份能够帮助那些没有自己幸运的人的工作，但是在做出实际改变的时候他又有些拖拉，主要是因为害怕妻子和儿子无家可归。

梦

彼得正在出差的路上，他坐上了一辆开往火车站的出租车。在抵达火车站时，他发现那里已经变成了马戏团。在这种兴奋而且嘈杂的环境中，他找不到售票柜台，非常担心自己会赶不上火车。在寻找售票点的过程中，他不断躲避着杂技人员和玩杂耍的人。然后他看到一位坐在板凳上的老人，正招手要他过去。他走到这位捡起报纸正准备看的老人身边，坐下来。突然，火车站又变成了一座宁静的花园。彼得感觉这里就是家，平和且安静，而赶火车已经不再是当务之急。

解　析

梦开始得很直接——日常的现实主义。彼得正在出差的路上，他乘坐的是出租车，而不是公共交通工具，反映了他富裕的生活。他抵达的是火车站，一种典型的出行象征，却也是方向改变的象征。

这种改变确实发生了，而当彼得发现自己身处马戏团时，这个梦变得更具象征性。马戏团常常是幼时的象征符号，代表着魔术和改变，但是这个马戏团中还出现了杂技人员和杂耍人员，他们在彼得的头上表演杂技，也许代表着对于他来说的不完备感。（彼得也许是在自问，较之于帮助别人的责任，现在的职业是否缺少了一些价值。）尽管火车站变成了马戏团，彼得仍然在寻找售票厅，并担心赶不上火车。也许他不情愿或者不能承认自己的周围（或者他的内心）已经发生了改变。

然后这个梦又发生了变化，引入了一个更能引起共鸣的象征符号：老人。这个人物也许象征着年长智者的原型，一个引导和智慧的源头，他的报纸代表着他要分享的知识。彼得坐在了老人坐的板凳上，这个位置暗示了安慰和可靠性。然后场景突然变成了一座宁静的花园，这种愉悦的改变也许暗示着彼得已经准备好敞开心扉去接受新的智慧，并将找到这样做的满足感。他的火车，对他的工作非常重要，但已不再是当务之急。

　　从表面上看，这个梦似乎在告诉彼得他应该选择一个有同情心的职业——这是他内心深处的渴望。当然，这样的指南是处于情感层面的，而真实的生活还必须考虑到经济因素，以及他家庭生活的幸福美满。如果彼得的工作抱负会导致他们搬到一个更加穷困的乡村，那这点便尤其正确。所有的这些因素彼得都应该考虑：他不能只基于自己的梦做决定。

　　原型梦最有可能发生在我们人生的转折时期，但是它们很少会准确地告诉我们该做什么。在此，年长的智者也许是个人成长和能量的源头——也就是荣格所说的"玛那（mana）"个性。但是由梦促发的个人成长的冲动常常让位于爱情和家庭责任。

走进梦中梦

如果潜意识包括三个逐渐加深的层面，那便可以说梦也许就起源于这三个层面，而且还分别对应着它们的特征和意义。理解这一点有助于我们解梦。在这本书中，我们将起源于前意识的梦称为第一层梦，起源个人潜意识的梦称为第二层梦，以及很少起源于集体潜意识的梦称为第三层梦。但是，还有可能一个梦包含了所有三个层面上的要素。

梦不是转瞬即逝的胡言乱语（第一层梦）

一旦你开始研究自己的梦，你也许就会发现有些梦源自你日常生活或者最近记忆的、可被识别的事件——虽然会有各种各样的扭曲失真。很多来自前意识的梦都与有趣的、好玩的或者也许是令人不安的已发生的事情有关。它们也许会涉及一些重要的话题，以及让我们高兴或者担心的事情。但是，潜意识也许同时正在回顾一些事情，继续思考某个未完成的想法，就像显意识在白天所做的事情一样，这样说并不矛盾。回顾通常会将注意力集中在一些已被遗忘了的关键细节上，因此那些似乎略过了前意识表面的梦也许远不是转瞬即逝的胡言乱语。

我们也许会觉得很困惑，因为梦关注的是看似琐碎的事情。但是如果我们接受梦在某种程度上是有意义的这一理论，那我们为什么会梦见某个特别事件的问题就变得非常重要了。如果将注意力集中在梦究竟给意念带来了什么，我们也许会找到答案。

假设，你梦见了一座你白天时从旁边经过却没有留心的房子。你也许会通过在脑海中描绘这座房子来进行解梦。然后你就会发现，对于这座建筑，有着某种奇怪的熟悉感。你回想得越多，这种熟悉感就会越强烈，直到你突然想起来，你小时候去过那里参加一个聚会。接着，你便会想起是谁给你开的门，你接受了邀请走进门，以及你个人在聚会上所做的事情。也许遇见了一个异性小孩，第一次感觉到了奇怪的异性相吸的萌芽。你现在回想起了那个小孩的模样，以及他（她）是否也喜欢你。

这些记忆也许还伴随着一些你当时的感觉，例如，情感上的无助感。小孩子多么容易被一个拒绝的迹象伤害，多么容易被善良的举动所深深打动！你也许还能想起自己从来都不敢面对自己的弱点，而这一点也许使得你成年以后远离他人，通过建立一个情感护盾来保护自己的感情。也许现在你该试着放开这种自我保护，这种保护也许已经剥夺了你尽全力享受爱情的权利。在这个方面，即便是第一层梦也能将你引向第二层梦，并开启自我理解的大门。

　　人们常问，每天会发生那么多的事情，我们的意念为什么会选择梦见那件事。当然，是那些已经被我们遗忘了很久的经历，才促成了今天的我们，所以找出其中的联系很重要。这些经历也许被显意识镇压，在它们发生后不久便被推入了潜意识深处，因为对于年少的我们，它们太过痛苦或者太过难以理解，所以不能被我们接纳。

开启新的天赋（第二层梦）

　　储存在潜意识中的记忆充满了缺口，但是个人潜意识要更了解我们和我们的过去，它们一直延伸回了我们的早期经历之中。甚至还有人指出，我们一生当中从不会忘记发生在自己身上的事情，那些濒死的人们有时会说他们的过去在他们面前闪现，全部浓缩在几秒钟时间内，却包含了所有的细节。对这种丰富的信息源进行深入的调查，源自个人潜意识的梦会让我们洞悉我们现在是谁，揭示出是本性让我们犹豫不决，同时也是能力和欲望驱使我们奔向未来。

　　有些源自个人潜意识的梦也许与我们儿时未解决的问题有关。对父母又爱又恨的矛盾感，对某些事情的恐惧感和困惑感，或者由丢脸的事情和性欲的激发产生的羞愧感，所有这些都是儿时很难解决的问题。年轻的意念也许会通过将这些情感推入潜意识层来进行自我防御，但是这样做并没有让它们消失。被压抑的情感潜伏在我们日常生活的表面之下，然后会在成年以后突然再次出现，引发无法解释的沮丧、自卑、焦虑、愧疚、自责等，甚至会发展成一种奇怪的恐惧症。

与被压抑的情感有关的梦也许会让人不安或引起恐慌。我们也许会被看不见的力量恐吓，被一双巨大的手控制在水下，被恐怖的人追赶，或者我们会看到一些残忍的行为。一些人的噩梦会让他们害怕得不敢睡觉。但是即便是最坏的梦也有其目的：让我们注意到未解决的创伤和萦绕在心头的记忆，这样我们便可以开始处理这些不愉快。

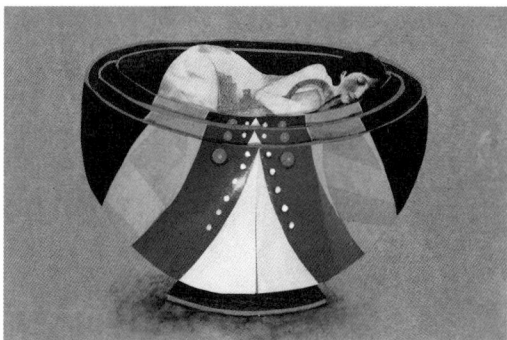

我们很少会压抑成年后多余的信息，但是也许我们采用的是另一种形式的自我保护，也就是否认。我们也许被别人的伴侣强烈吸引，或者对某位家庭成员感到愤怒。我们也许怀疑自己的工作能力，或者怀疑我们宗教或者政治信仰的真实本质。如果我们试图通过否认这些问题的存在来欺骗自己或者他人，那么潜意识便会将它们带到我们的梦中。心理健康的一个要求便是诚实地面对自己，而且只有通过直面自己的问题，我们才有机会解决这些问题，或者与这些问题和平共处。

还好，源自个人潜意识的梦还可以非常愉快。它们会唤起我们曾度过的美好时光，或者让我们重温年幼时的兴高采烈。个人潜意识自由游走于不同的时间和不同的地点，它们要我们记得，有价值的东西从不会丢失，包括我们在生活中收获的智慧。这样的梦也会让我们关注到之前未被完全欣赏的能力，也许会帮助我们开启新的天赋和兴趣。

一些人声称，他们的第二层梦几乎总是不愉快。但其实，在实验室的快速眼动睡眠中醒来的志愿者更倾向于报告自己做了一个愉快或者充满感情的梦。一旦我们教会自己记住梦的内容，我们便会越来越多地发现愉快的梦。更重要的是，我们开始更加完整地鉴赏自己的梦，因为它们会变得更加充满生气、更加令人兴奋、更加有意思、更加刺激，而且它们确实为我们的经历提供了一个全新的空间。

“伟大”的梦（第三层梦）

荣格将来自集体潜意识的梦称为“宏伟”或者“伟大”的梦。相比第一层和第二层的梦，第三层梦非常罕见——我们中一些人一生只会做那么几次第三层梦，宏伟梦会对我们产生深刻影响，而且会留下清楚的记忆。这些梦似乎源自一个我们外部的源头，它们所透露的智慧只会来源于其他的意念或者更高层次的力量。

这个信息也许会经由一个原型人物传达。另外，宏伟梦也许会利用一个我们都认识的人作为它的信差，甚至是某位已经去世了的人。几世纪以来，很多人都报告称在梦中遇见了他们已故的爱人，对方跟做梦人一再保证他们会在来世相见。一些人曾证明，他们使用通灵手段了解到了一些通过"正常"手段无法了解到的事实。这些预知、通灵以及心灵感应现象也许可以通过集体潜意识——一个所有人类都会分享的意识池塘，一种不同于我们自己潜意识，却包含了所有意念的潜意识——解释一部分。

无论它们是让我们深入发掘一种内在的个人灵性，还是允许我们用其他方式与神圣、宏伟的梦建立联系，都会被看作是灵性发展的宝贵媒介。如果它们挑战我们的信仰和存在的方式，并暗示了我们需要在生活中进行重要改变，它们的力量也许会让我们感到不安。这样的梦常常会引发深层次的愉悦感，让我们相信自己是一个更大整体中必不可少的部分，在这个整体中，我们每个人都扮演着重要的角色。

2号梦工厂

做梦人

斯图尔特（Stuart）非常享受自己二十几岁的那段时光，他有很多朋友，没有打算过要安定下来，也没有关心生命的意义。他是一名成功的 IT 顾问，有着很高的收入。

梦

日落时分，一只天鹅飞来，落在一个漂亮的湖泊上面，湖面上有大群的鸭子和其他水鸟，还有划着船的渔夫。天鹅拍打翅膀的声音很响，在水面上溅起了很大的浪花，惊飞所有的水鸟，所有的船只都翻沉了，所以渔夫只好游回岸上。天鹅消失在水下便再也没有出现。一段时间的担心挂念之后，天鹅还是没有出现。斯图尔特开始思考，如果天鹅的翅膀被水湿透了，她——他将天鹅想成一只雌天鹅——不能飞了，他该怎么做呢？他坐在一艘倾覆了的船上，面前摆放着电脑。他上网搜索了关键词"天鹅之歌"，但是光线越来越暗，他看不见电脑上写着什么。他向水中看去，发现水上有很多的鼠标，拖着长长的尾巴，就像鳝鱼和蝌蚪一样，在水面下愤怒地游来游去。

解 析

这个叙事的开始部分揭示了最深层次的梦——第三层梦中的元素：天鹅是美女、王权和性的象征；日落代表着下降进入潜意识中的冥世；而两栖的鸟类与水元素和气元素有关，分别代表了潜意识领域和灵性领域。渔夫永远象征着那些深入潜意识中搜寻智慧的人，而渔夫的出现则进一步强调了这种暗示。

一切似乎都很美好，直到大水花扰乱了整个场景，这也许代表着斯图尔特批判和怀疑的意念。水鸟展翅起飞，渔夫弃船而去，寻找水岸的"安全"。但是尽管如此，斯图尔特仍然坐在倾覆了的船上，处于危险的境地。

斯图尔特关心天鹅。如果一个人深入了潜意识，还会回到正常世界中吗？他试图通过理性的思考解决问题——他的电脑代表了这一点，却发现这无法提供给他答案。他向水中望去，没有看到鱼（深层次潜意识的自然栖息地，是繁育力和重生的象征），却看到了电脑鼠标，一种处于他们的元素之外的人造物品。

日落时分的美景与了无生气的电脑和鼠标之间的对照鲜明。

斯图尔特告诉其他人，他没有"关心生命的意义"，但是他的梦却似乎在告诉他，他更多关心的是生命，而非现代科技。

梦常常会玩文字游戏，它们是聪明的会说双关语的人。在电脑语境下的"鼠标"中的鼠有着与那种野生生物相同的意思，因此这个梦机智地将电脑配件放置在一个自然环境中。它的作用是暗示这个做梦人在分析生命时使用了太多的逻辑思维。

第二章

梦见你的梦

　　刚刚睡醒时，我们也许会很自信地认为不会忘记自己做的梦——但是常常在一两个小时之后，它们就已经消失不见了，真是令人抓狂！这一章会讲述几个基本的技巧，以帮助你们记住更多的梦，描述常做的梦的类型和梦的内容，并概述一下各种解梦方法。想要发掘我们潜意识的资源，第一步就需要承认，梦值得我们去回想。

追逐远去的梦

我们每天晚上会做多达两个小时的梦，但是很多人说他们从来不记得自己做过梦。为什么？意念明显能够区分梦境与现实，因此，当我们从睡梦中等待醒来之时，我们似乎经历了一个处理过程，这个过程可以保证我们能够在清醒时，用不同的方法回想起梦的内容。除此之外，从小时候起，大人就教我们不要太把梦当回事，所以天生的记住梦的能力会逐步减退也不足为奇。

幸运的是，你可以用最基本的技巧来保存这种能力，这些技巧可以归纳为以下三点：

- 与梦交朋友。
- 采取积极的步骤去记住它们。
- 在清醒的生活中留心观察。

"与梦交朋友"的意思是将它们看作是你精神生活中的一个重要部分。欢迎它们的到来，并对它们心存感激。承认它们值得回忆，并通过每天对自己重复"我会记住我的梦"来让这条信息贯穿你的潜意识，尤其是在你晚上进入深度睡眠时。还有，你需要认识到，有些梦像极了我们白天迁就纵容的无足轻重的想法，其中很大一部分都是联系显意识与其他两个较深层次的潜意识——个人潜意识和集体潜意识——的重要环节。

第二个基本技巧是训练你自己去记住你的梦。在起床之前静静躺着，让你的身体保持做梦时的姿势。眼睛不要睁开，避免去想即将到来的今天或者其他与之有关的事情。当昨晚的冒险故事再次回到你的脑海中，在梦日记（将日记放在床边易取易放的地方）中记下它们。将梦记下来有助于在记忆中对它们进行修改，而且如果你忘了，你还可以去看日记。在记录它们的时候一定要克制自己，不要立即对它们进行解析——这一步以后再来。解析会牵涉到你的显意识，从而也许会对你的梦境回溯造成进一步的约束，或者扭曲你的梦记忆。如果联系立即就出现在你的大脑中，非常好，但是不是去探寻。也是出于同样的原因，不要给梦打上愉快或者不愉快的标签，或者试图分辨出它来自哪一个层面的潜意识。现在，它们就只是梦而已。

同样地，你应该试着去留意能够帮助回忆梦境的任何特殊环境。人们常会报告说在度假的时候——也许因为此时他们很放松，也不赶时间——或者在他们保持特定姿势睡觉的时候，午睡或者在午夜之前已经睡了一段时间的时候，更容易回忆起梦的内容。在任何可能的时候，充分利用任何可以帮你回忆的东西。

　　第三个技巧便是学会集中注意力，这常被称为专注力（mindfulness）。更多地注意你身边发生的事情，而不是沉浸在会分散我们注意力的思维闪现之中。静坐可以提升专注力，简单的静坐练习只需每天花上几分钟，最好是在同一时间，静静地坐下，并将注意力集中在你的呼吸上。你可以集中在你吸气和呼气的鼻子上，也可以集中在起伏的腹部。如果你走神了，只需轻轻地将其收回放到你的呼吸上即可。随着注意力的提升，这种感觉将会被带入梦中，让你对梦里的事物更加警觉。如果你想要探索更高等级的梦境体验，这个技巧非常重要。

梦的象征符

梦研究员卡尔文·霍尔博士（Dr. Calvin Hall）从普通人中搜集了 10 000 多个梦，以找出最常见的梦境主题。他的研究表明，虽然存在着文化差异，但全世界人民的梦在主题上十分相似。而且我们每个人似乎都体验过这套特别的主题，这些主题会规律地重复出现在我们的梦中。

环 境

霍尔的数据显示，根据梦的发生地，房子和其他建筑位于名单首位，起居室是最常见的环境，其次是卧室、厨房、楼梯，以及地窖或者地下室。办公场所的出现频率要比家出现的频率低。根据做梦人不同，解析也各自不同，但是研究人员发现，很多人会将房子与自己联系在一起，而不同的房间则揭示了生活中的不同方面。起居室代表公开的、共享的自我，卧室代表更深、更隐私的自我，厨房也许象征着需求和品位，楼梯通向的地方与生活的地区有关系，而地窖或者地下室是指通常被隐藏起来的，甚至令人不安的潜意识领域。

人　物

梦中只有大约五分之一的人是家人，而有超过三分之一的是朋友或者认识的人，几乎有一半是陌生人（只有百分之一是名人）。对于这种情况，一个可能的解释便是，梦见家人的需求要少些，因为我们通常都知道自己对他们的感觉，但是我们总是会被朋友或者陌生人激起兴趣。女人梦见的人性别划分比较平均，而男人梦见男人的概率要比梦见女人的概率多一倍。这也许是因为男人感觉到竞争力更多是来自其他男人，于是也会在梦中表达这种感觉。在 15% 的梦中，梦中的人是一个人。

行　为

霍尔的研究指出，梦中最常见的活动是行走，而不是其他任何更富戏剧性的行为。其次是跑——另一种基本的人类活动，然后是骑车、说话、坐、看、与人交往、玩、体力劳动、吵架，最后是打架。暴力行为最少见，这一点很有意思。此外，年度节日

和度假活动都不在名单中。这也许是因为类似的活动经常出现在
第一层梦中，很难被记住。

情　感

在梦里出现的情感中，64% 是不愉快的，只有 18% 是愉快的，
余下的据推测是属于中性的。这一点似乎与这样一个事实相互矛
盾：所有的梦体验者都说愉快多于不愉快（41% 对 23%）。但是，
这也许是因为愉快的情绪要比不愉快的情绪强烈一些，也许是因
为意念后来抑制了那些让人痛苦的细节。

焦虑是生活的一个方面，而且也是梦中最常体会到的情感，
这一点不足为怪。梦见坠落、淹溺、没赶上火车或者飞机、迷路
或者失去重要的物品都与清醒生活中的焦虑有关，无论是直接的
还是象征性的。梦见莫名的害怕或者隐藏的欺负通常都是第二层
梦，而且它们常常都能被追溯到童年时期的恐惧。

毫不奇怪，这样的苦难，以及已经察觉到的生活中的不公平，
和对他人行为的无法接受，都是梦中第二种最常见的情感。排在
其后的便是幸福和兴奋，有时会反映出幼时天真的乐观。这种积
极的梦能够非常有效地提醒我们，我们在整个一生中还有很多享
受愉悦和繁荣的潜质。排在最后的是悲伤，生活中隐藏得最深而
且最能激起他人怜悯的情感。

当然，在某些情况下，梦在情感上是中性的，但是这并不意

味着它们就缺乏乐趣。和其他的梦一样，这些梦充满了象征符号和意义，很值得解析。中性的梦也许只暗示了做梦人各方面的情感都很平衡，没有极端。对于某些人来说，中性的梦的价值也许非常大，可用于逃避日常生活，进入一种可以享受存在感的领域，不用努力奋斗，也不用做事。

3 号梦工厂

做梦人

朱丽叶（Juliet），一名 32 岁的律师，正准备和与她相恋五年的另一半结婚。她的父母在她 11 岁的时候愤然离婚，她感觉这件事情仍然强烈地影响着她和她妹妹的日常生活。

梦

朱丽叶发现自己身处一架电梯中，这个电梯被安置在一个洞穴状的小教堂里，在此处，她体验到了一种强烈的熟悉和抑郁感。她寻找按钮，想去往顶层，她原打算在那里与自己的未婚夫和他们的孩子（现实中还未出生）共进晚餐。在寻找正确的数字时，朱丽叶发现所有的按钮都是打乱顺序的。突然，电梯启动了，每经过一个楼层时，朱丽叶都能透过门上的小窗看到儿时家里的椅子、花瓶和其他物品。当电梯上升到教堂的一半时，朱丽叶突然发现自己出现在一个卧室里，一眼看去既陌生又熟悉。她的妹妹坐在卧室中间织手套，她编织的手套已经堆成了小山。她要朱丽叶也和她一起织。朱丽叶非常恐慌，因为她要迟到了，同时又感觉到悲伤，因为电梯不见了，朱丽叶想要告诉妹妹她的忧伤，但令人沮丧的是，她发现自己不能说话。

解　析

与现代化的电梯共同出现的是一座古老且神圣的教堂，这种巨大的反差，暗示着朱丽叶内心世界强烈的动荡——也许是担心即将到来的婚姻和母亲身份，以及她已遗忘了的家里不愉快的过去。找不到正确的电梯按钮典型地象征着对未来的焦虑，从等在她面前的重大的人生改变来看，这合情合理。

从电梯门上瞥见的家具让朱丽叶进一步想起了令人怀念的人生经历，也就是这样的经历使得她成为现在的她。电梯停在了一间半陌生半熟悉的卧室，也许代表着过去和未来的交叉，而她妹妹的编织行为也许象征着朱丽叶纠结于过去——一种朱丽叶在内心感到恐惧的推动力。

手套常被解释为亲密的象征（英语中有"hand in glove"一说，意思是"亲密合作，暗中勾结"），有时是性别的象征（两个人之间的亲密合并），而邀请姐姐一起织手套也许是为了跟她保证一切都会好起来的。尽管如此，朱丽叶的悲伤一直存在，一方面是后悔过去失去幸福的机会，一方面是担心无法满足未来的丈夫和孩子的期望。

　　发现自己不能跟妹妹说话也是焦虑梦境的另一种共有特征，暗示了情感上的独立。为了不与我们的人生经历和记忆单独待在一起，建立联系非常关键。朱丽叶必须确保自己的过去不会掩盖她对幸福的期望。

　　当家人出现在梦中，这也许在暗示其意义的根源在于过去。如果悲伤和惊慌是遍及整个梦境的情绪，那就很可能是根深蒂固的家庭问题没有得到解决。这种充满了焦虑的梦很少会提出解决办法——除非突出强调了要走出过去，活在当下。

五光十色的梦

我们的梦在细节上也许存在着广泛的差异，但是它们都是取材于我们个人的生活经历，我们都会体验到类似的梦的类型。那些包含了浓重的主题色彩和情绪色彩的梦尤其会表现这一点。

复梦：洞悉内心的忧虑

重复做的梦或者那些有着重复主题的梦会给我们展现由潜意识发现的特别重要的问题。通常与个人潜意识有关，偶尔会与集体潜意识有关，它们既会让我们注意被我们忽视的担忧，也会反映对我们自身来说永远重要的方面。重复的梦通常会引起焦虑，而当隐藏的问题得到了确认和解决之后，通常就会停止做这样的梦。有着重复主题的梦通常都更加愉快，而且有可能会在多年以后再做这样的梦，仿佛是在向做梦人反馈现在的生活情况，试图使用变异形式去澄清并改变梦中信息。这两种梦都有助于洞悉潜意识的担忧或者矛盾，洞悉内心世界或者外部世界可能会发生的方向上的改变。

性梦：不合时宜的欲望

西格蒙德·弗洛伊德认为，我们的梦之探险主要是对存在于人类本性中的**性冲动和侵犯性冲动**的实践。这些冲动受到了我们社会教养的压抑，所以它们只能通过梦的象征和掩饰来表达自己。现在大多数的梦学专家认识到，梦远远不只是性欲的满足。尽管如此，性仍然是一个重复发生的主题。几年前出版的一份调查报告称，85% 的男人和 72% 的女人都曾做过性梦，这个发现挑战了弗洛伊德的一个论点：性梦会伪装自己，以避免激发显意识的审查机制。但是我们在说性梦时，究竟指的是什么呢？如果我们只是说那些梦会激发性欲，那么被做梦人定义为"性梦"的百分比也许会比现有的百分比低很多。但是，如果我们所说的"性梦"包括了性主题，例如裸体、爱抚和性暗示，即使排除性交，那其百分比也应该更高。

弗洛伊德的性梦理论在 19 世纪末的维也纳备受争议。在维也纳，性就像是黑暗的秘密一样为人所害怕，从没有人会提及。即便是今天，对很多人来说，甚至是那些已经经历过性爱的人，谈到性时，也会充满焦虑。即便是在看重个性的年代，朋辈压力——性行为频繁、拥有性高潮或者能够勃起、性经历丰富——也会成为一种强大的力量，并在混乱的梦境中体现出来。

当你梦见你在**进行性行为**时有人在旁观看，这也许就反映了朋辈压力，或者在一个稳定的关系中，存在着其他的成年人对你造成

的某种情感上的威胁，比如，对方父母，或者男朋友的兄弟姐妹，甚至他的朋友。他们也许是那些嫉妒你的人，那些觉得你配不上对方的人，或者那些担心你的喜欢只是性爱上的依恋，而非感情上的关心的人。如果确实有这样的人，那你要做的就是设法了解并消除他们的此类感觉。正确的反应应该是与你的父母讨论，而不是给予旁观者任何明确的信号。记住，其他人的感觉与你无关，如果有人对于你的性关系或者情感关系感到焦虑，那是他们的问题，而不是你。

在梦中我们常常可以揭示不合时宜的欲望——也许是对我们的老师、医生、管道工、房客或者儿女的青少年同学。我们也许会在潜意识里想要与他们发生关系——这种想法也许已经在我们大脑中闪现过，如果真是这样，潜意识可能会将这样的转瞬即逝的感觉储存在记忆中，但是我们显意识的念头会将这些想法清扫到一边，丢入被我们划分为匪夷所思的内部垃圾之中。

另一种可能性是我们被这个人的某种特别的品质所吸引——也许是某些在我们自己的心理面具下或者我们的配偶那里找不到的品质。这甚至可以是一种嫉妒，但这证明我们并不是不喜欢那个人，而是想要成为他（她）那种人。潜意识也许会恶作剧地将这种感觉转换为性吸引，但实际上只是心灵上的吸引。

较为清晰的性梦也许是在暗示性紧张或者性失意，但是更深层次的意义也需要通过解梦才能获得。也许性梦揭示的是一种联合自我各个方面（身体与意识、显意识与潜意识、外向的一面和内向的一面）的欲望，一种想要为人父母的期盼，一种克服社会差异和社会分界线的需求，甚至是一种成为创世分子的冲动。

噩梦：直面内心的恐惧

一般来说，情感会帮助我们解梦，但是噩梦的情况通常不太

一样。这些梦常常都会非常扰人心神，而那些具有揭示性的情感

便会被埋没于恐惧之中。但是，我们所知道的是，这些大部分都是引发恐惧的原因。有时，原因非常明显，也许我们正处于被射杀或者被打死的危险之中，或者因为某种其他原因而受到了伤害。有时，原因又不太清楚，也许某些看似无害的东西也会触发恐惧，比如一扇慢慢关上的门、一个封闭的盒子或者一个坐在其背后的沉默的人。

研究表明，定期做噩梦的人的本性相对较为坦率和敏感。他们也许有某种遗传秉性，容易夜惊和做噩梦，尤其是在找不到证据证明其在幼时遭受过较为压抑的事情时。始于成年期的噩梦通常与危及生命的事情有关，例如车祸，或者人生重要的时刻，如重要的面试或者考试。他们趋向于再次体验相关的事件，仿佛潜意识需要他们不停地重复这些梦，直到他们已经完全接受，并且显意识已经放下了这件事。

但是为什么梦需要让自己转变成噩梦？答案很简单，潜意识没有意识到这种梦产生的情感影响。当显意识认识到我们的悲伤，它便会将我们从睡梦中唤醒。还可能是因为这是让一个梦记忆深刻的最简单的方法。很少有人在第二天早上醒来时记不得自己做的噩梦。

噩梦其实并没有想要引发我们的恐惧，因为，如果我们能够学会面对做梦时的恐惧源（例如，遭遇匿名恐吓），那么它就会即刻变得无害或者消失。此外，一旦找到了噩梦的意义，那它往往也不会再来吓唬我们。

4号梦工厂

做梦人

杰西卡（Jessica），一位9岁的学生，天资聪颖，在被两名女生欺负之后，丧失了自尊和自信。这两名女生名为德希瑞（Desiree）和丽萨（Lisa），之前与她是好朋友。

梦

杰西卡在学校的教室里，这时老师走进来要所有人排成一排走出教室，因为"恶龙来了"。教室里充满了紧迫的氛围，但是大家却不惊慌。学生们排成一排，走到操场上。尽管排在队伍的前面，杰西卡却发现自己不知怎的就落到了后面。德希瑞和丽萨现在走在前面，不时转过头来边看她边笑。但是不一会儿她就和其他人站在了操场上。她看见有火光和烟雾从学校里翻腾起来，而且还能听到恶龙的怒吼。突然，一辆车停在学校外面。杰西卡知道这辆车是来救她的，她上了车，急切地想要离开。车子出发后，她从后窗跟所有的同学挥手再见，但是没人回应她。

解　析

　　杰西卡梦的背景是学校，这并不奇怪，不仅因为所有的孩子都聚集在此处，一起玩耍、一起学习，还因为对于她这个年龄阶段的孩子，学校是所有焦虑的来源。

　　恶龙在孩子眼里是强大的象征，是焦虑的人格化。它进入了学校，将教室变成充满了恐惧的地方，使得杰西卡不能回到这个地方。前来救她的车象征着她想要逃离——作为一种象征，如果这辆车像往常一样带她回家，那就是最具说服力的。坐上车她便与那些没有向她挥手的同学分离开来——也许她感觉不到友情，因为班上没有人主动帮助她对抗他人的欺负，或者也许她觉得每个人都不喜欢她这个受害者。

　　杰西卡的位置最初是在前面，后来落到了队伍的后面，证明了幼时的不确定性。事情都快速地发生着改变：此刻这个孩子很受欢迎，下一秒便会遭人唾弃。友谊对于孩子来说非常重要，会影响他们看待自己的方式，也会影响他们的情感世界。杰西卡之前的朋友替代了她在队伍前方的位置表明她们控制了她的情感。

　　受过欺负的孩子通常会受到深深的伤害，而且会影响他们的一生，而恃强凌弱的施虐狂也会束缚自身的发展。一个9岁的敏感小孩根本无力改变自己对待被欺负时的态度。父母应该告诉她，表现出自己的不幸，只会让欺负别人的人获得她们寻求的满足感，而忽视她们的存在才是上策，但是说着容易做着难。杰西卡在这段时期需要额外的爱护，在睡前与父母分享一段快乐时光有助于减轻她的恐惧，阻止恃强凌弱的人进入她的梦乡。如果她们继续欺负弱小，她的父母就该让学校特别留意这些人。

真实的画面或者想象中的动物经常会出现在小孩子的梦里，这当然显示了它们在小孩读物中的重要性。不要以为恶龙之类的生物只是一种异想天开的娱乐形象。你的孩子对这种虚构的生物有多入迷，它在梦中对焦虑的象征性就有多强。

对话不可思议的梦

解梦是一门技术，而非科学。对于梦的含义，我们从不无端猜测，因为我们必须要考虑到做梦人身处的环境和人生经历，以及梦中所出现的事物。梦的情感基调及其对做梦人的影响也很重要。这就是为什么那种给每一个象征符号规定了标准意义的解梦字典总是会造成误解：除非解析让你产生了共鸣，否则其同样也有可能是错的。

很多最有用的解析准则都源自弗洛伊德和荣格的作品，两人都认为出现在世界上伟大神话和传奇中的常见主题同样也会出现在梦中。这种主题起源于潜意识的深处，解释了人类主要的心理、道德以及爱情关联。弗洛伊德、荣格以及其他心理学家的研究都显示，在心理治疗期间，梦会阐明当事人的意识状态，此时其含义便会自动出现。这表明了万事万物（包括现代物品）都有着具有代表性的象征意义。汽车对于很多做梦人来说，通常暗示着旅行、力量以及性，而对那些曾遭遇过车祸的人，则暗示着恐惧和生命危险。

卡尔文·霍尔对常见主题的研究揭示了直接调查在解梦中扮

演的角色。为了使用之前房屋的模式来作为自我在梦中的影像，你需要仔细检查房屋的细节。每一间房屋与哪种情感有关？这个是幸福之地吗，或者在里面是觉得冷还是觉得危险？房子里是整洁的还是堆满了杂物？大门是敞开的还是紧闭的？

弗洛伊德和荣格都根据关联——一个词，或者梦中出现的物品或者图片，是怎样暗示他人并最终引向另一个解梦的关键词——开发了有助于解梦的方法。弗洛伊德认为，梦会使用这些象征性语言可能是因为它们真实的意义不会让人不安、兴奋或者具有揭示性，使得显意识将做梦人从睡梦中唤醒。另一种解释是梦会通过一种投机取巧的方式，使用任何适合其编造故事的、可获得的影像，留给做梦人自己去体味其中的隐含意义。无论真相是什么，研究个人影像给予自身的关联有助于鼓动其含义的出现。如果起点是一个几何图形或者一个原型人物，自由关联和字词关联就会非常有效，因为它们可以潜在地打开富含最多资源的关联锁链。我们应该时常仔细观察，看看这些物体是否在我们梦中的某个地方占有重要位置。

自由关联：蕴含特别的影响

弗洛伊德提出的自由关联的解梦方式是指，让意念从梦境影像开始，然后分拆一连串的关联，每一个关联都会受到前一个关联的启发。因此，书作为一种梦中物体也许暗示着读书这个关联，而读书也许意味着观念，然后便可以引发一连串的关联，例如冒险、山脉、登山、路径、寺庙、钟、朝圣者、礼拜、心灵，以及最终的神性。在这一点上，做梦人便会意识到"神性"这个词其实蕴含着特别的影响力，而且会促使当事人承认自己很长时间以来，一直忍受着精神上的焦虑，却总是想要将其隐藏在书中和抽象的观念中。既然他已经承认了这一点，那么做梦人就能分辨出自己的精神焦虑起源于隐藏至深的罪恶感和个人的无价值感。这一点反过来暗示了，他应该减少对自己生活中理智方面的关注，而将更多的注意力放在疗愈自己受伤的情感之上。

与其他的解梦方法一样，自由关联远不能做到万无一失。虽然如此，它仍然不失为一种打开潜意识资料库的好方法。同一个画面可以使用这种方法多次寻找关联，但是如果没有一种关联让你产生一种强烈的认知感，那你就应该尝试另一个画面，或者静静等待，直到出现其他梦境为你提供更多的信息。

直接关联：回到最初的起点

荣格认为，自由关联的缺点在于它会让做梦人太过脱离自己的梦。它确实可以获取一些重要的进入潜意识的洞察力，但是这些洞察力也许并不是这个梦所承载的信息。荣格更喜欢一种名为直接词语关联的方法，这种方法并不是用一种关联去引出另一种关联，而是每次都需要返回最初的关联物体上。你可以将你梦中出现的物体或者景象写在一张纸的中间，然后将所有的关联写在其周围。我们可以再次使用书这个例子，那么大致就会出现如下的词语关联：

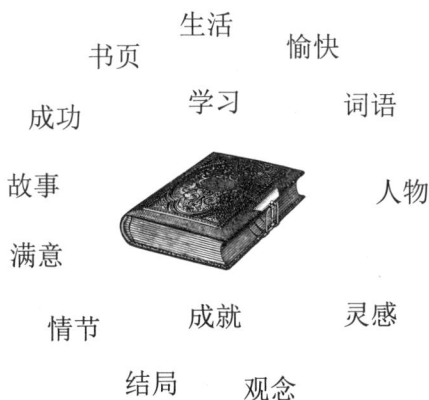

生活
书页　　　愉快
　　学习　　　词语
成功
故事　　　　　　　人物
满意
情节　　成就　　灵感
结局　　观念

这种方法可以让做梦人更好地探索一个梦中景象所包含的所有关联，并将它们作为一个整体来进行考虑。在研究了上述例子中的所有关联之后，做梦人也许会坦白他一直以来都有心想要成为一名作家，但对被人拒绝的担心使得他一直没有尝试将这种野心变为现实。这个梦会提醒他，创作是他天性中非常重要的一部分。

回味梦中的对话

另一种解梦的方法是与梦中的人物或者客体进行一场对话。通常它们代表的是你自己的特性，而与它们进行一次假想的对话能够帮助你理解他们所承载的意思。

静静地坐着，闭上眼睛，在脑中观想你梦中的那个人、客体或者你想要与之对话的动物，然后询问它们想要告诉你什么。不要试图去"创造"答案，让它们自己回答。如果你想要一个人独自待会儿，那就告诉它们。如果你想要再次见到它们，你可以邀请它们回来。试着与之交换位置，想象它在通过你讲话。对话结束之后，轻柔地解散你脑中的画面，睁开双眼，回味它们所说的话。

但是，如果你在清醒世界里认识这个人，那这种方法就不太适合，或者你觉得这个梦中的人物代表的是他自己，而非原型人物或者你自己的特性，那也不太适合。你也许会在它们所说的话语中加入自己的一点偏好，导致自己得出不正确的结论。这样的话，你就需要问问自己：为什么你会梦见那个人？你们之间是不是存在着没有解决的问题？如果是这样，是否有解决这些问题的办法？

等待梦的再次降临

很多梦似乎都会过早地结束，只留给我们一种意犹未尽的感觉，似乎缺少了一个重要的结局。通过观想这些梦所结束的点，有时我们可以再次进入这个梦境，让其延续下去。对于结局，不必像对待真实梦境那样认真。总会出现不准确的情况。而且一定要小心，显意识并不会完全接受，还会根据自己的意愿调整结局。试着让你的意念返回梦境，并接触到从梦境中产生的潜意识层。

在梦中保持清醒

东方的灵性教派主张，我们半梦半醒地通过生活去体验现实的本质。他们很多的修行都是为了让我们在体验现实本质、打破常规、调整我们模糊的觉察力时更加专心。如果我们在清醒时心不在焉，那么在睡着之后就会更加心不在焉。我们忽略了这样一个事实：梦对我们显意识的发展与清醒时同等重要。

做梦时保持显意识的方法有很多，我们会在本书的后文中进行描述，但是刚开始的时候，你需要练习的是自问自己怎么知道自己现在不是在做梦。你通过哪一点发现自己是清醒的？你能观察到什么？每天都用这种现实检验法练习几次。

注意梦中的细节

在解梦时，我们拥有的细节越多越好。记住以下几个问题：

为什么我会做那样的梦？即便是处理熟悉的前意识资料的第一层梦，仍然需要进行筛选。那么，梦会筛选什么样的细节，为什么？

你的梦引发了怎样的一种情绪，为什么？梦对待情绪通常会像对待情节那样毫无逻辑。做梦人在看到某个在清醒世界中会引发不安的场景时也许会无动于衷。毫无逻辑的情绪反应也许暗示了这些场景是象征性的——虽然情绪能够为那些象征性的问题提供线索。

梦中是否存在特别不真实的物体？通常，梦中物体都与真实生活中的物体很相似，但是当物体的样貌或者行为出乎你的意料——动物会说话、楼梯引向一个不存在的地方、刀片无法切割，那么这些物体必然承载着一种尤其强烈的象征意义。

颜色是否自然？梦中的颜色也许会特别真实、特别柔和，或者相对正常。也许某种色彩会非常多，而有的色彩却没有。这种异常的特征在解读过程中非常重要。

场景是怎样的？周围的环境或美得让你窒息或晦暗单调，或让人心生恐惧或让人舒适无比，或都市或乡下，或室内或室外，或宁静或喧闹。问问自己，为什么梦会发生在那个地方？

你的衣着是什么样的？通常情况下，做梦人并不会注意自己的衣着，从而错过了大量的象征信息。衣着可以象征我们希望别人怎样看待自己，或者代表了我们是谁，或者我们以为自己是谁。白天的时候告诉自己，下次做梦时一定要低头看看自己的衣着，或者照照镜子。

你遇到了谁？有的人梦到最多的是陌生人，而不是自己所爱的人。这也许暗示了隐藏矛盾的缺失或者关系中存在着不安定因素。陌生人也许象征着我们自己的一些特性或者我们体验这个世界的方式。寻找伴侣，他们是否向来都是一种性别？友好还是心存敌意？话痨还是崇尚沉默是金？有帮助还是毫无用处？

用在解梦上的时间永远不会白费

有的人担心解梦会说出一些他们所不知道的有关自己的事情。有的又抱怨说他们的梦非常荒唐，因而不相信解读的结果。还有的人担心他们解读的正确度过高。

除了那些来自第三层的梦，梦都不是全知全能的。独立的人类意念从来都不是万无一失的。虽然梦可以揭示一些东西，但它们也会犯错——过于强调某些方面，却又对其他方面不够重视，还可能完全忽略一些东西。基本上，梦总会尝试着对我们有所帮助，纵然如此，它们也总像那些善意的人们一样，好心办了坏事。它们"倾向于"让你留意在你掌控范围之内的事情，所使用的也是会使你从中受益的办法。如果你更偏向于不去了解这些事情，也许是因为你害怕改变。

至于那些荒唐的梦，确实有些梦会非常奇怪，而且令人疑惑，甚至很难晓得它们是从何处开始的。最好的办法是找到重复出现的主题，而不是将每个梦都看作单独的整体。如果使用自由关联或者直接关联，你可能列出一系列的关联信息，直到找到一个最为合理的，而且直接指向隐藏意义的关联信息。但是，除非你能确定重要的因素，否则最好不要在看起来明显荒唐的梦上耗费过多的精力，而是将时间用来研究那些更加条理分明的内容。解梦是一个漫长的过程，而且花在解梦上的时间永远不会白费，有的梦会比其他梦给予你更多的回报。

解梦和做梦一样，并不总是万无一失。要把它看作是一种迹象、一种私语，而不是已经确定的事情。即使感觉有的解读并不是很正确，它还是有可能是正确的。梦的解读并不一定要让你感觉舒服，但是它们应该总能与你所了解的自己大致上并存。

人们有时会问，两个相似的梦会不会有着不同的意思。假如第一次解梦表明了此梦的重要特征，而且做梦人也能接受这种解读，那第二个梦也许有另一种不同的含义。如果梦被解读得恰当、令人满意，那就很少会重复做这个梦。

5 号梦工厂

做梦人

基思（Keith），32 岁，瑜伽教练，自由职业，工作顺利。他现在的顾客都很忠贞、热情，而且慷慨大方，所以他很有价值感，也很有自信。但是他一直致力于当下，对于未来没有任何实质性的打算。

梦

基思看到一扇大大的木头门，上面闪着"你好"。他在思考门后面是什么，并决定开门走过去，他既激动又害怕。他发现自己在一个小房间里。唯一的出口似乎就是进来的那扇门。但是他面前挂着一幅巨大的红色天鹅绒窗帘。

他的手机响了，但是接起来之后没人说话。取而代之的是窗帘后面伸出了一只戴着缎子手套的手，手里拿着一把金钥匙。电话再次响起，另一只手也出现了，这次穿的是一件白衬衣，袖口有个漂亮的链扣，手里拿着一个卷轴。基思大呼："你是谁？谁在那儿？"但是没人回应。第三只手出现了，这一次手臂是赤裸的，手里端着一盘看起来很好吃的水果。基思觉得好像有人在看着他，不知道怎么办。他认为，这些东西中的一样是通往窗帘另一面的通行证，但是不知道是哪个，也许他应该原路返回？他转过身，那扇门却消失了。取而代之的是一扇窗，透过窗户可以看见一幅明亮的风景，连绵起伏的小山，其中一座山顶上有一株开着花的樱桃树。

解   析

虽然门既代表着入口也代表着出口，但在这个梦中，似乎应该解释为新的开始、新的机会——梦中那个大大的欢迎语表明了这一点。但是，基思所在的那个房间很小。这或许暗示了他看到新机会的概率很小。

在神秘莫测的梦中，基思看见了一幅大大的红色天鹅绒窗帘，这暗示着房间比他所想的要大很多。窗帘也暗示了剧院和虚构。也许基思人生中新的机会只是一个幻象。

然后便是那三只手。它们的出现可能表示确实存在着明确的可能性。第一只手戴着缎子手套，拿着金钥匙，似乎暗示了经济上的成功。第二只手，白衬衣和卷轴，似乎代表着一种职业化的人生。第三次赤裸的手臂和水果，似乎代表的是健康和治愈力，虽然相对比较贫穷，但是有着个人满足感和对未来的展望。另一种可能来自做梦人身后明亮的景色。如果他保持现有的生活方式，仍然还有可能结出果实（取得成就），开放的樱桃花暗示了这一点。

这个梦是要告诉基思，他不应该被表面的机会所欺骗，还是说他的面前确实有机会？他的手机铃声响起，也许是代表着他想要获得更多的信息。但是没人说话。这表明基思只能从自己身上找到答案，而不是求助于他人。

梦并不总是会讲清楚一个像礼物一样推出的象征符号是真实的还是虚假的——如果周围环境极富戏剧性，那你就得小心假朋友。在此，这个梦给做梦人展示了一个寓言般的选择，就像圣杯传奇或者童话故事中的情节。只有基思才知道这些是真实的解决办法还是危险的诱惑。

梦的疗愈法

我们已经明白了解梦怎么会变成相当复杂的梦境分析，通常还会出现模棱两可的解析。我们也许会探索一系列梦境的一连串意义，这一过程有时会长达多个星期或者更长。这是一种循序渐进的自我展现，可以帮助我们去理解并开始解决自身的一些问题。但是也许做梦其实就是将问题呈交给梦中的意念。这其实就是上床进入心灵询问模式。在古代教派的习惯中，这也可以是一种形式化的仪式。你可以在烛光中冥想——将精神集中在蜡烛上。然后你会告诉你的潜意识一个问题，谦逊地请求它在夜里给予你知晓答案的特权。

第二天一早醒来的时候，你在梦中搜寻问题的答案。梦中的象征符号和你的问题之间的联系也许难以捉摸，在这种情况下你就可以进行假设：如果梦中讲的是怎样在下周办一个舌头不打结的演讲，那这个梦代表了什么呢？这个过程很像是使用塔罗牌：你可以通过潜意识的天生智慧来调出有隐含意义的景象。

进行这种仪式之前，最好是以一个有客观答案的问题做练习，例如一个字谜。在睡觉的时候将这个字谜固定在脑海中，告诉自己你的梦会找到答案。早上醒来的时候回顾你的梦境——答案会以象征的方式出现。

最近的研究已经表明，通过这种类似的联系，我们实际上可以促进大脑中的神经联系，增进我们的记忆，并且随着年龄的增长，保持大脑的活跃性。因此，梦不仅可以提供心理上的治疗，帮助我们解决情感问题，还有助于身体健康。

身体健康问题需要适当的药物治疗，但是也可以通过梦吸收潜意识的力量进行治疗。比如，背部有问题，我们可以养成习惯去想背"不舒服"。只需在白天和睡觉前告诉自己，那我们的"好"背就会在我们睡着之后进行自我疗愈，非常有效。如果每天晚上我们都观想自己能够没有疼痛地自由移动，那这样的画面就会进入梦中，将这样的信息强加给自己的身体，让它按照我们的需求进行治疗——我们知道，一定能做到。

梦的指挥棒

提高观想机能可以提升你控制自己梦境的能力。我们已经见过怎样通过密切关注当下的场景，帮助你丰富梦中的生活。我们不仅可以通过鼓励自己留心在清醒世界中所见过的不同场景来提升这种天分，还可以观察这些场景，关注其中的细节。你当前所处的场景再往前是什么？这些光线的出现怎样影响了你所看到的东西？试着积极注意你所处位置周围的图案、光线、色彩、质地和形状。注意你所遇到的人——他们长什么样？他们在做什么？他们的穿着打扮怎样？提升你的观察能力将会让你的梦更容易被记住，而当你想要再次捕捉梦中突然出现的象征物的精确外表时，你将会更有可能获得成功。

白天适度地练习将你的意念固定在周围的物体上。留心前方的某个物体——也许是一根你打算用来做早餐的香蕉。仔细观察它的所有特征——质地、颜色、形状、斑纹。现在闭上你的眼睛，将香蕉的样子锁定在脑海中。用大脑去改变它的颜色，然后再回归正常。观想香蕉开始腐烂，香蕉皮越来越黑。颠倒整个过程，回归到可口水果的样子。睁开眼睛看看你所观想的香蕉与你面前这根真实的香蕉有多像。你可以用任何东西来进行这个练习，甚至可以是人，改变他们的样貌，直到变成一个完全不同的样子。在梦中，物体或者人通常都会毫无征兆地变换形态。不断练习你的观想技能，可以帮助你觉察到物体的变化，并注意到这些变化的意义。

6号梦工厂

做梦人

贺瑞斯（Horace），60岁，一名爵士乐演奏家，演奏萨克斯。他结过三次婚，有5个孩子和7个孙子。他的现任妻子在经历了一次急救手术之后，刚领取了一张健康证明。

梦

贺瑞斯正在参观他妻子曾住过的那家医院。他来此是为了举行一场音乐会，但是当他打开自己的乐器盒时，发现自己的萨克斯变成了一柄小号，一种他吹得不是很好的乐器。然后整个场景发生了变化，他出现在另一个房间里，房间里还有一个新生儿和一个漂亮的小女孩。小女孩抬起头看着他，甜甜地笑着，并指着一个角落问道："你能看到那个椅子下躲着一个恶毒的老巫婆吗？"他看了一眼椅子下方，但是什么都没有。他摇了摇头以做回应，然后才第一次发现这个小女孩长有翅膀，就像一个天使。

然后那个小婴儿便开始哭起来。贺瑞斯有些不知所措，因为他不知道怎么去安慰小婴儿。

解　析

很明显，贺瑞斯的梦是在以一种象征的形式，重历一些有关他妻子病情的记忆。他可能很担心妻子的病。从他去医院是为了举办一场音乐会这一点可以看出，在他记忆中，他到医院探望妻子的时候必须要"表现得"乐观与高兴，梦中出现的他必须要演奏自己并不擅长的小号而非萨克斯，象征着他在表现乐观和高兴时的无能为力或者苦恼。

然后梦境开始变化，出现了新生婴儿和小女孩。贺瑞斯有5个孩子，这便可以理解成他也将孩子的出生与医院联系在一起。但是，小女孩较难解释，而贺瑞斯如果致力于这个象征意义的话，他也许能够从中获益。这个小女孩也许代表着原型圣婴，此时她所象征的是天真、纯洁以及天生的智慧。她的翅膀当然也增加了这种可能性。如果果真如此，她和那个小婴儿也许代表着新的开始，也许是在警告他不要让老巫婆（也许是自己本性中破坏性的一面？）闯进来毁了这一切。小婴儿突然大哭起来也许暗示了如果他让"老巫婆"扰乱了这些新的开始，一切都将"在泪水中收场"。

梦结束的时候贺瑞斯出现了无助感，因为他不知道怎样安慰小婴儿。这个场景也许起源于他妻子病时他的无力感。但是现在她已经出院了，他应该努力摆脱这些消极的想法。贺瑞斯需要集中精力去感激妻子的康复，并将精力放在现在和将来能为妻子做的事情上。

梦中出现的原型人物需要用心解析，因为有时他们包含了某些额外的意义。此处的老巫婆也许暗示了天母（Mother）的阴暗面，人格化了降临在贺瑞斯妻子头上的疾病，这个疾病威胁着要夺去他心爱的妻子的生命。但是，如果贺瑞斯让他的焦虑肆意妄为的话，这也许也代表了他自身破坏性的一面。

第三章

打开梦之门

符号要比文字更加古老，而且，和音乐一样，它们有能力直接且深入地触及我们的心灵。在梦中，它们通常会承载多面性的深刻含义。它们会让我们大吃一惊，会时常萦绕在我们心头，会提升我们的灵性。它们会在我们前往潜意识的路上设置一些阻碍。在这一章中，我们会介绍一些常见的梦中符号类型，并为有关它们的解析提供一些指南。

收集梦符号

正如我们所见，西格蒙德·弗洛伊德认为，梦通常会用一些符号来掩饰那些也许会扰人心烦的含义，如果直接展现出来，它们也许会唤醒显意识。卡尔·荣格主张，符号只是潜意识的语言。这样的说法似乎更接近事实。

每一天，我们的周围都充斥着各种各样的符号。广告商利用这些符号将产品与幸福、放松、财富、美或者性成功联系在一起，即使真正的符号是来源于潜意识而非显意识。人类大脑的一个主要特征便是乐意用一个物体去代替另一个物体。

梦中符号通常与隐喻的手法一样，而我们一直都在使用隐喻——说话、写信或者写邮件、思考以及进行创造性的努力。越来越多的人将学习的过程看作是一个"旅程"。这个词有几个相关的隐含意义，暗示着我们的进步是一个长期的过程，是一种高度个人化的经历，而我们所抵达的终点与我们的起点是两个完全不同的地方。旅程的这个隐喻常常出现在梦中，而且似乎总有着相似的联系。

隐喻是梦境的惯用伎俩，你不必像个诗人一样去欣赏它的层层意境，这些意思也许纷繁复杂。一架钟明显代表着时间，但也许它还有其他隐含意义：如果钟是圆形的，那它也许代表着均衡和十全十美；如果它的嘀嗒声很响，它也许暗示着恼人的不断重复。时间在任何情况下都既可以是朋友也可以是敌人：它会引发不同的情绪，这取决于我们是独自面对一个不习惯的周末还是赶着在截止日期前完成任务。个人因素也会有所影响：如果这架钟是传家宝，这也许是在暗指你与父母或者其他亲戚的关系，也许是与去世的某个亲人之间的关系。

很多梦中符号很容易解读，但是即使它们的意思非常明显，其背后也有可能隐藏着一个更为深奥的含义。举个例子，如果我梦见自己被锁在门外，最为合理的解释似乎就是我对某件事情感到焦虑，对自己没有把握——也许我会揣测这是因为我担心自己在工作中的表现，或者婚姻的破裂。但是，如果我想要更加明确自己在焦虑什么，就需要继续解析"钥匙"这个特定的象征符号。钥匙用于解锁或者打开某物，所以我急于知道或打开的是什么呢？是不是指我没能理解到自己伴侣的情绪反应？还是某个对我有益的技能——也许是情商，也许是电脑技能，也许是领导能力？进一步调查这些可能性或许会找到答案。

在研究自己的梦时，你会发现某些符号会重复出现，而有的符号充满了强烈的情绪。有些梦在解读的过程中会呈现最为丰富的洞察力。如果自由或者直接关联并没有揭示它们的含义，那在接下来的几天时间里都将它们轻轻地存放在脑海中，一次又一次地与它们互动，将它们看作是有趣的字谜。如果仍然没有找到答案,你便可以寻求潜意识的帮助。使用一个简单直接的请求,例如,"请帮我找到……的含义",然后将这个字谜清除出显意识,让潜意识进行一段时间的酝酿。答案会突然不期而至。梦中符号并不会有意地偏向于荒谬。就像音符,经过练习之后你就能轻松地阅读它们。即便如此,梦有时也会被它们自身的创造力牵着鼻子走。就像讲故事的人失去了故事线索,他们就会突然偏离原来的思路,仿佛第一个符号暗示着第二个,第二个再暗示第三个,以此类推,直到整个梦境变得越来越让人困惑。如果出现这样的情况,需要认识到你是在将几个梦境放在一起解析,因而在单独解析每一个梦境之前,你可以试着将其主题分离出来。这样做也许会看出它们之间有怎样的联系,有时其中一个会揭示另一个的意思。

询问自己的梦中符号象征什么是个很有意思的练习,无论是对于清醒世界的自己还是梦中的自己。有些做梦人觉得自己是旁观者,总是知道发生了什么却从不参与其中。有些做梦人会将自己看作探访者、受害者、援助者,或是一个领导者。大多数做梦人知道,他们在不同的梦境中扮演的是不同的角色,就像莎士比亚所说,每个人在自己的生活中都扮演着各种各样的角色。问问自己通过象征性的梦境角色对自己多了怎样的了解,这是个很有价值的问题。

7号梦工厂

做梦人

艾伦（Alan），25 岁，他是一名士兵，曾参与过世界上一些动荡地区的军事行动。尽管会有很多风险，但是他很喜欢自己的工作，而且很享受自己军旅生涯中的战友之情。他善于交际，机智幽默，在战友中人缘很好，但同时也有感性的一面。

梦

艾伦和他的朋友约翰（John）在休假。他们在整夜外出后准备回旅馆，这时艾伦和约翰打赌，自己一定会先回到旅馆。他们一起跑步出发，但后来艾伦选择了另一条途径——一个山谷的捷径。突然，他发现自己身处一个迷宫之中。他知道自己需要找到出路，但是不管选择哪条路，最终都是个死胡同。恼怒之下，他爬上了一根树桩，想在上面找到出口。但他吃惊地发现在他头顶不远处有一颗闪耀的星星，于是便伸出手去抓住了这颗星星。这颗星星在他的手中闪着光芒，不知为何，他总觉得这颗星星会带自己走出迷宫。

解　析

军旅生活中，战友情是最为重要的，所以艾伦最好的战友出现在他梦中根本不足为奇。朋友通常象征着快乐时光，不仅在情感上而且在身体上都会让人觉得很安全。打赌向来是年轻士兵之间的消遣娱乐，但是这里面还有什么更多的含义呢？

旅馆是一个与个人无关的临时居所，因此更合适和朋友一起待在那里，而不是单独一个人。为什么艾伦会宁愿与战友分开并且耗尽体力也要赢得这场比赛？

捷径揭示了一种欲望，即想要把事情变得简单，甚至想要利用一些不公平的优势。但是艾伦发现捷径把他引向了一个迷宫，迷宫通常代表了疑惑和焦虑。这个不祥的结果也许代表着士兵在打仗时与战友分开容易受到攻击。但是，还有一种与之非常不同的可能性：迷宫是宗教的惯用符号，代表着人类寻求返回源头（或者神灵）的路径。一旦身处迷宫之中，探寻者就必须多次原路折回以寻找正确的路径。艾伦是不是在质疑自己工作的道德价值？

这个梦的很多含义都取决于艾伦看到的那颗星星。它也许扩展了其宗教意象，暗示着灵性能够指引他走出迷宫，并帮助他搞清楚作为一名士兵的意义。另外，星星对他来说也许还承载了军事意义，代表着某个军衔徽章或者战功奖章。士兵必须听从命令，此处星星的积极一面在于艾伦相信自己的上级领导有方。另一种可能便是星星揭示了他的个人抱负。比赛谁先回到旅馆似乎展现了竞争精神，因此迷宫也许是在警示艾伦的竞争会出乱子，尤其是当他脱离了自己战友的时候。只有在综合考虑了所有的符号之后，艾伦才能明白哪个是正确的解释。

　　某些常见的象征符号，例如星星，非常有说服力，所以它们常常出现在各行各业的人的梦中。艾伦的星星也许是一个战功奖章（个人抱负？），也许是一个军衔徽章（责任感？），但是它也许还暗示了精神上强烈的愿望。解梦需要解决这种模棱两可的状况。

遇见梦中人

在所有的梦的影像中，人可能是最有意思的。他们也许代表着他们自己、其他人、做梦人，有时甚至会代表一些抽象的观念。

你也许发现了在你的梦中，人或者有着高度的意义，或者显得很次要。这些类似的因素可以暗示你在清醒世界中的人际关系。如果在梦中你与他人之间关系疏远，那在日常生活中你也许就应该付出更多的努力去改善人际关系。另一方面，如果你在梦中过于依赖他人，那便暗示着在现实生活中你需要更加自立一些。（整个梦境都倾向于展现这样的征兆，而非补救办法——但是其中也有很多例外，我们会在后文中谈到。）

如果你的梦重点强调家人和朋友，那它也许是在告诉你某些关于最亲近的人的事情。但是，就其他的细节而言，梦也许会改变一个人的样貌。有时，这些变化似乎非常重要，但是在通常情况下，梦在这些问题上都非常随意。

陌生人或者代表了你认识的某人的某个特征，或者表明你普通人际关系——朋友、家人和陌生人——的某个特征。

如果梦中的人大部分都是异性，这也许反映了你的朋友圈——现有的或者你渴望拥有的。但是从更深层次上看，它也许暗示了你自身相反的一面。不管从何种程度上说，我们每个人身上都有着两种性别的特质——女性的直觉和温柔，男性的勇敢。

旁观者？参与者？

同性？异性？

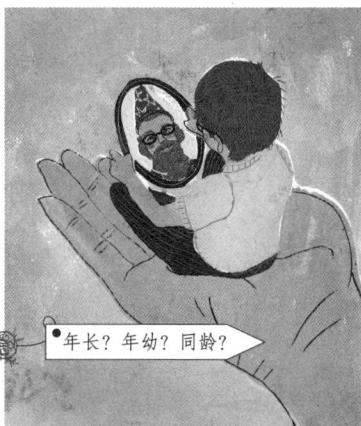

年长？年幼？同龄？

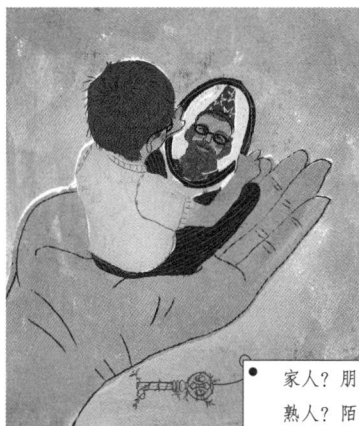

家人？朋友？
熟人？陌生人？

兄弟？妈妈？室友？银行经理？爱人？老师？女儿？敌人？同事？

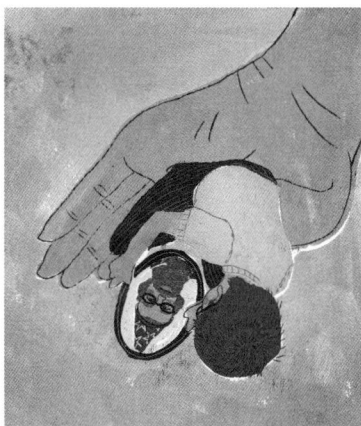

友好的？怀有敌意的？
平易近人的？令人惊恐的？

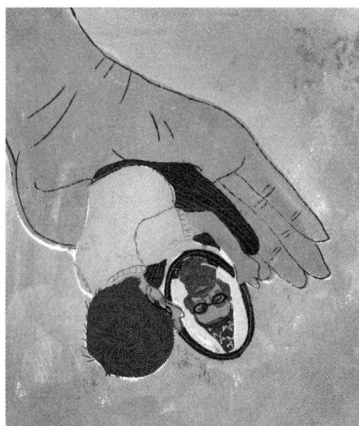

比较自信？
略显自卑？

荣格将这些特质看作是原型力量，并将它们起名为女性意向（男性的女性特质）和男性意向（女性的男性特质），这在前文中我们已经讲过。在我们体内平衡这些力量对于保持心理健康非常重要。

女性意向和男性意向也能外向投射为男性心中的理想女性和女性心中的理想男性。在第二层梦中，女性意向也许是一种难以捉摸的欲望，而第三层梦中她也许就是神话中的神秘女霸王。同样地，在第二层梦中，男性意向也许表现为一个全能的探险家，而在第三层梦中他也许是一个英雄。当这样的影像出现在第二层梦中，它们也许暗示了做梦人似乎想要指望相反的性别能够填补自己内心缺少的女性或者男性特质。在第三层中，这些人物通常不仅代表了这些特质的完全实现，还代表了我们体外能够在灵性旅程中助我们一臂之力的能量。因此，女性意向会表现为大地母亲（繁殖力和持续的爱），而男性意向就会表现为父亲角色（权威和保护）。

梦到年龄比我们大或者比我们小的人，也许暗示着我们想要回归青春或者害怕长大。但是，他们也有可能是原型：圣婴（纯洁、天真、直觉力）和智慧老人（实用的智慧、神奇的力量）。

即使是那些认为自己很独立的人，也有可能比他们想象的还要依赖他人——不仅是为了寻求支持、自信、娱乐、理解等，还源于我们身边一直都在改变的繁忙生活。从本质上讲，我们在自己个人的显意识中是独自一人，无法分享，也无法逃避。但是我们知道，世上所有的人都与我们处于同样的境地，这样我们之间就存在一种亲切感。这种亲切感通常被看作是灵性的：我们共享着一根神圣的纽带。看着其他人，甚至陌生人，都会让我们觉察到这根纽带。梦可以通过意想不到和发人深省的方式让我们体验到这种亲切感。

但是，梦当然也会呈现硬币的另一面：感觉到他人与自己的相异性，这一点对我们来说似乎有些消极。任何类型的不安全感都会在梦中以人的形态出现。在第一层梦中遇见那个在白天也让我们不好过的人，而且感受到与白天相同的挫败感，这一点都不奇怪。

在第一层梦中，我们很少能够找到解决我们在清醒世界里所遇问题的办法：这些问题会在梦中延续。但是它们似乎也有一定的价值，因为它们能够促使我们询问自己这样的问题：为什么会产生这些情绪？也许问题的答案就隐藏在梦中的某个地方，只要我们有足够的决心去寻找。

第二层梦会通过帮助自己看清为什么会做出那样的反应，以延续第一层梦的自省过程。它们会让我们想起那些来自早期生活中被压抑的挫败感或者情感伤害，那些我们还没有找到适当解决办法的问题。它们也许指向我们心中反复无常、还未学会怎样掌控的问题。没有言明的愤恨，甚至是妒忌，也许会从我们对梦境的分析中冒出来：通过关注梦中出现的人物和他们的（或者我们的）象征性行为，我们也许会挖掘出对他人的不信任，或者一种想要将自己的失败怪罪在他人头上的企图。

通过对比，第一层和第二层的梦也能证明我们对他人的爱，我们意识到要报答他人的帮助，他们在精神上对我们的鼓舞以及他们对我们的无私奉献。这样的梦会给我们的情绪电池进行再次充电，让我们更加积极地对待自己的生活。假设我们梦见一个一丝不挂的朋友。这看起来似乎很是令人震惊，但是如果我们对这个朋友的感觉是积极的，那我们只会理所当然地想起一个好人。一丝不挂根本没有必要引起我们的关注：毕竟，每个人在睡觉的时候都会脱得一丝不挂。

如果梦见权威人士，由他们激起的情感通常都非常强烈：他们通过控制来消除我们的疑虑，或者通过强调我们对自己的看法来威吓我们。一个公司的 CEO 也许会梦见自己戴着皇冠，以代表优越性，或者以英雄的原型角色出现。但是责任感也会引起梦中的焦虑，象征着做梦人在清醒世界中所感受到的挫败感、不安全感或者怨恨。

有关死亡的梦是一种经典的原型梦，意味着复活。这种梦也许在警示做梦人过去没有解决的问题，但是也可以象征新生活让老观念焕然一新。梦见怀孕或者生孩子也许就是反映了当妈妈的渴望，但是通常也代表着做梦人的生活中将会出现新的观念或者机遇。

8号梦工厂

做梦人

迈克尔（Michael），29岁，投资银行家，他正在着手准备一次职业剧变：接受演员培训。他有些犹豫，因为这既有经济上的损失，还有未来的不确定性，但是更具创造性的生活又让他觉得很是兴奋。他的女朋友劳拉（Laura）和他住在一起，非常支持他的计划。

梦

迈克尔发现自己正踏上一座摇摇欲坠的木桥，木桥架设在一条封冻的河流之上。四周都是暗色的山脉，非常陌生而且很不友善。三个穿着护士服的女人正在桥的另一头将一根倒伏的树干锯成小块。当迈克尔走到桥中间时，他认出了其中一个是他女朋友劳拉，另外两个他不认识。她们非常热情地向他挥手，而迈克尔也努力地想要跑过去抱住劳拉，却发现自己怎么也跑不到她身边。

他能感觉到自己的双腿在跑动，但其实它们并没有动。他开始大哭起来，并感觉到眼泪溅落到了脚板上，形成了一个小水洼。那三个女人也在哭。

然后太阳便从云层后面钻了出来，迈克尔注意到桥下的冰开始慢慢融化。现在他发现自己的双腿可以移动了，他带着极大的宽慰开始奔向那三个女人。他的周围开始出现发着亮光的巨型鱼，在水里跳上跳下，甚至还跳到了空中。那三个女人消失了，他突然感觉到扑面而来的失望。所有的鱼都张着嘴往他的方向而来，他还能听到远处传来的笑声。

解　析

摇摇欲坠的桥和封冻的河流象征着迈克尔对自己新职业的焦虑，这样的职业会让他进入一个未知的领域。劳拉和另外两个女人也许代表着他女性的一面，如果想要成为一名成功的演员，他便需要发展自己的这一面。将倒伏的树干锯成小块代表着他需要牺牲自己的旧生活，而护士服也许暗示了他需要安慰和保证。

但是，无法动弹的双腿和无法走到爱人身边暗示了自己害怕失去她。她支持他冒险的职业改变，这意味着要放弃现在的高薪工作，但是他担心自己会让她失望。自己和那三个女人的泪水可以表示回到儿童时代——这一点很好理解，他怀疑自己的职业变动也许会将他带回创业初期，而其他人似乎想要控制他身上发生的事情。

太阳的出现、冰的融化和迈克尔恢复奔跑的能力似乎提供了一个临时的保证：一切都会好起来。散发光芒的鱼从水中跳出来，这可以代表他艺术方面的新职业释放了他的创造性能量。但很奇怪，它们的出现竟伴随着那三个女人的消失。他是不是在担心自己沉迷于艺术创造而与外界失去联系？远处的笑声也许是赞美也许是唏嘘，也许是在提醒他，在演员的世界里，悲剧和喜剧从来都是共生共灭。

有时梦中的事件非常模糊，直到你建立起其潜在的心境。在梦中，重要的是要在更多的细节中探究模棱两可的结局：做梦人听到的笑声是奚落还是欣赏？如果很难说清，最好还是全方位地解析整个梦境，然后再看看哪个更有可能。

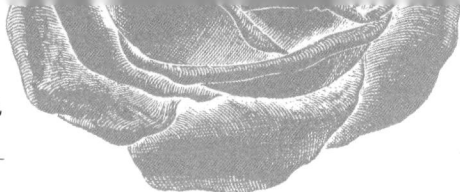

情欲的符号

正如性梦实际上象征着与性完全不同的某种东西，所以很明显，无关情欲的梦境中也许会包含一些经过乔装打扮的情欲内容。我们现在是在进行弗洛伊德式的梦境解析，在这种观点中，压抑的情欲被潜意识所删剪，呈献给梦境意识的是毫无生气的物体。

在梦中，生殖器会让自己披上象征性的伪装。弗洛伊德不仅可以把放置物品的容器，如钱包、手袋、杯子和花瓶，还可以把紧裹的衣物（手套、鞋子或者帽子）和像红玫瑰（月经的颜色）一样的自然现象等所有事物辨识为阴道（以及延伸的女性性别）。钱包也可以代表子宫。像天鹅绒或者苔藓一样的柔软质地的东西通常会让人想起阴毛。从杯子中喝水据说是暗示着与女人的口交。即使当荣格式的圣杯含义出现在了这样一个梦中，仍然有可能包含了女性的成分——也许是与神话中的处女斟酒人或者大地母亲这样的一个原型有关。

工具的插入明显代表的是男性特质，例如匕首和螺丝刀：其实这些物品通常都被用作凶器，与弗洛伊德所认为的性与暴力之间的联系是一致的。铅笔、塔、蜡烛、台球球杆以及其他生殖器形状的物品都可以用相似的方式解读。

其他的性符号还包括一些有着相应节奏的动作（例如骑马、劈柴），或者一些喷涌而出的东西——例如油井、爆裂的水阀或者水龙头，或者正在打开的香槟瓶。当然，喷涌的水与洗澡有关，而香槟瓶也会让人联想到浪漫之夜，因此，所有这些象征符号都为有关情欲的梦境提供了一个恰当的背景和内容。

稍微发挥一下诗人的想象力，你就能进一步拓展有关性交的符号词汇。所有代表高潮的行为，从波浪撞击海岸到登上顶峰，都能被弗洛伊德式的解梦人所利用。但是，不要让搜索情欲符号的游戏抑制了一个人对梦中其他符号以及其情绪和背景的理解。

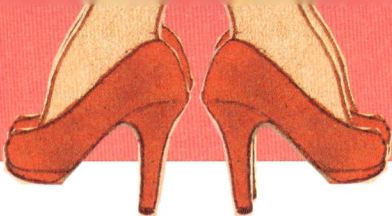

衣衫褪尽的梦

梦见一丝不挂是非常常见的，但是最常见的是做梦人就是那个没穿衣服的人——就是一种裸体的感觉，而不是亲眼所见。常识告诉我们，裸体似乎暗示了露阴癖倾向，但是这样的观点没有看到其中情感的重要性，也没有看到在随后的解析中所出现的关联。裸体的做梦人时常感受到的情感一般都是惭愧或者尴尬，尤其是当梦中的其他人都穿戴整齐时，这种感觉最为强烈，这象征着一种易受伤害的感觉，或者一种自我揭露的恐惧。但是，几乎所有做梦人都坦承，梦中其他人都没有注意到他是裸体。梦传递了这样一个信息：我们不必隐藏真实的自己，也不必让我们的生活处于情感上的自我保护状态。

裸体其实是所有符号中最为有效的一种。依据情感反应和与之相关的联系，裸体也许揭示了一种表现创造力的需求，一种对较为自然的存在的渴望，或者一种再次找到童真的希望和抑制力的缺乏。

显然，性梦可以暗示情欲倾向，但是从较深的程度上来讲，这也许揭示了一种对自身某些方面的结合（灵与肉，显意识与潜意识）的渴望，想要为人父母的希冀，或者一种克服社会隔离的需求。

　　衣物既会展示一些东西，也会掩盖一些东西，它们在梦中的意义常常充满了性爱关联——比如，脱衣服。穿着异性服装也许暗示了丰满的人格，男子的阳刚之气和女子的温柔感性相互平衡；或者暗示了一种神秘魅力。

　　梦中身体的健康状况能够反映做梦人出现的心理问题，或者反映出他们的灵性。荣格认为，身体疾病也会被反映在梦中，而有些人甚至声称梦中还会出现治疗疾病的良方。

　　断齿可能是不安全的信号，和掉发一样，它们都是焦虑梦的常见特征。月经和排泄可能预示着外在的焦虑，或者一种自我表达的需求。心灵之窗——人眼的出现象征着精神健康。心脏是情感健康的典型象征，通常也代表着爱。

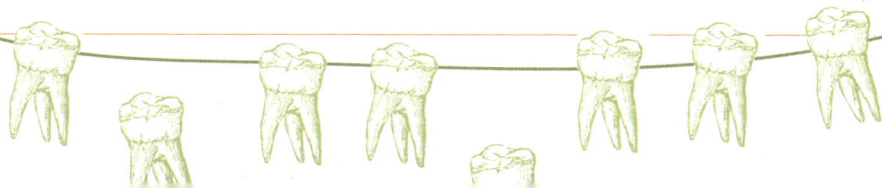

9 号梦工厂

做梦人

内森（Nathan），15 岁，学生，目前正在努力准备一场重要的考试。在过去的几个星期里，他一直都在和班上的一名男生

和一名女生一起学习。他发现自己非常喜欢那个女生，但却担心她喜欢的是他们之中的另一个男生。

梦

内森正在一座巨大的大厦中闲逛，时不时停下来看看，努力辨认出这里的雕像和画作。他吃惊地发现墙上挂着一小幅与他一起学习的那个男生的肖像。突然，他的女同学出现了，并道歉说让他久等了。她将他带到一个理发椅上坐下，用一条毛巾把他的脖子围起来。然后，她从橱柜里拿出一把剪刀，开始为他剪去长发。她剪完之后，似乎对自己的劳动成果非常满意，

并询问他的意见。但是，内森用尽一切办法也看不清镜中的自己：虽然他能看到一个模糊的影子，但是影像太模糊，而且一直都在不停地动，根本看不清楚。这让他很焦心，因为他一心想要看看自己的新发型，并希望对女生的理发技术进行一番赞扬。

解 析

房屋和其他建筑的出现通常都象征着我们自己，内森梦中的大厦也许代表着他作为一名年轻人，自己还未认识到的潜能。雕像和画作也许暗示着他未来可能会获取的成就。尽管他非常努力，但还是不能完全理解这些艺术作品或者自己的潜能。

内森看到他的小情敌以肖像的形式出现，暗示了他对他的看法没有变化——也许是因为他已经认定这个男生是情敌，而不是一个有着自己情感和想法的人。这种态度对另一个男生来说是不公平的。重要的是，那幅肖像很"小"，这会让人认为内森试图在自己眼中贬低他的情敌，而且希望那个女生也看不上他。

非常有意思的是，女生出现后，便立即开始给内森剪头发。在梦中，头发是男子气概或者女子柔情的一个重要象征符号，归根结底是个性的象征。力士参孙在被大利拉剪去头发之后便失去了自己的力量，这个故事很好地证明了这一点。在梦中，内森听任小女生的行为也表明了他对她的感情。他被剥夺了自己的独立性：自己的影像遭受了袭击。

内森在镜中无法看到自己，这一点进一步证明了这个观点。他象征性地"看不见"自己。他也许想要重新评估一下自己对那个女生的感觉。他真的喜欢真实的那个她吗，还是只是受到了肉欲的驱使？他对她的感觉已经影响到了他与另一个男生的友谊。这个梦并没有提供一个解决办法，却让整个情况变得更显明朗。内森需要明白，最有价值的关系是基于公平、尊重和理解之上的——而不是欲望、疑惑和嫉妒。

青春期的梦通常反映了对异性的关注，它既引人注目又令人胆怯。头发是男子自我印象的常见象征符号——因此剪头发也许是受到了深度的恐吓。这样的焦虑梦可以帮助年轻的心灵通过自我认知而变得成熟。

在梦中游走

梦中的地点符号很容易唤起一些回忆。在梦中，我们常常会在记忆中的某些场景中游荡，想起一些被我们遗忘了很久（或者快要忘记）的希望、恐惧和憧憬。过去一直都萦绕在我们周围，因为是过去创造了现在的我们，而过去就是我们的梦常常想要去的地方。

但是，除了记忆最深处的场景，梦还擅长召唤出一些全新的地形地貌。大厦、偏僻的乡村小屋、明亮的街道上充满了陌生的商店、耸立的峭壁上隐藏的洞穴——这些元素都会意外地出现在梦中，常常与过去有着同等重要的象征意义。

就解梦而言，在解析地点的时候，首先要考虑的是最为明显的关联——比如，图书馆也许暗示着对知识的渴望或者对隐居的渴求。通过探索围绕在象征符号周围的被我们称为"半影"的东西——那些我们较少注意到细微差别的环境——也可以找到第二种含义。因为没人能够遍览图书馆里的所有图书，所以，这样的场景也许反映了一种担心，担心自己没能充分利用所有可以加以利用的经验。

当然，地点的特征和细节也很重要。假如你梦见了一个山谷，山谷很干燥（不毛之地），还是有一条涓涓细流（让人神清气爽）？又或者是一片葱翠（肥沃丰腴）？你周围都是锯齿状的悬崖峭壁（具有攻击性？如果这些悬崖看起来像牙齿，也许是害怕被吞没？），还是小山丘（也很肥沃，或者生活舒适，没有危险）？场景为乡下的话，也许会引发相互矛盾的感觉：我们也许会被它的美景、野性、与世隔绝所吸引，但同时，我们也会因为缺少快乐和舒适，没有安全感或者没有娱乐消遣节目而觉得不安定。

当然，城市也会引发矛盾感。常见的关联包括阴谋诡计、商业交易、交流、通缉犯以及竞争力。你所做出的不同的情感反应，仍然是取决于脑海中存在的疑虑。如果能确定你位于城市的哪个区域（商业区、文化区、旅游区），就可以找到一些很有意思的思考角度。

清醒世界中的幽闭恐惧症和广场恐惧症，在梦中通常分别反映为太拥挤、太狭小的空间和太空旷的空间。在情感生活中，我们通过隐喻性的扩展感受到这些不舒适：我们也许会因为恋爱或者失恋而感觉被束缚或者被放逐。梦境意识很会利用这种隐喻性语言，而且将其使用得淋漓尽致。通常这种问题非常值得一问，问问自己所梦见的那个地方是太过拥挤，还是神秘得太过空旷？这也许就是解梦的关键点。

举个例子，比如说你梦见自己站在学校操场中间。如果你是一个人在那里，那就显得十分反常了，因为操场是一个供大批学生或者家人使用的场地。独自一人身处一个本该有很多人的地方，与

已成年的自己似乎回归到童年，这两件事情都很值得留意。

　　和往常一样，在解析梦中的场景时，你需要记住在这些地方常会遇到的一些不同寻常的经历，而更重要的是要记住在梦中你所拥有的特别体验，或者你自己对这些梦的看法。

　　显然，不可知论者对于教堂的理解与信徒是不一样的。但是，即便是对于我们这些有着精神渴望的人，教堂还是可以代表超凡脱俗或者我们的自惭形秽之感，这都取决于我们的意识状态。火车站和飞机场也许代表着旅行和新的体验，或者是一些我们会暂时停留的地方，或者由目的地、启程和抵达的令人不安的混乱而引发的方向迷失。一些人将飞机场与对飞行的恐惧，行李的意外丢失，忘记带护照或者无止境的延机联系在一起。在所有的公共交通中，我们会受限于需要我们信任的交通体系，而这一点在梦境解析中可以提供大量的询问线索。

10 号梦工厂

做梦人

保罗（Paul），21 岁，学生。最近他与女朋友分手了，而她已经跟别人在一起了，保罗却十分想念她，他非常后悔自己的决定，而且情不自禁地想更多地跟她待在一起。

梦

保罗在一片巨大的、波涛汹涌的红色海洋中游泳，整片海洋漫无边际。海水是热的，在他丝毫不费力气地追波逐浪时，他能尝到自己皮肤上有咸咸的味道。兴奋之下，他潜入了海底，经过一群漂亮的美人鱼身边，她们正在彼此喂食葡萄和味美多汁的石榴，他为此感到非常气愤。他一路上还看到了很多其他怪异的海洋生物，其中包括一种红色的巨型植物，它有着多齿状的花朵和多刺的茎干。当他伸出手去触碰这些花朵时，它们就会像捕蝇草一样猛地合上。到达海底之后，他发现自己身处于一个漂亮的海底花园。他的前女友希瑟（Heather）裸体出现在他面前，正在将她的衣服——鲜亮的裙子和内衣——晾到一根绳子上。一种无法抗拒的巨大冲动控制了他，他从绳子上抓过衣服叼在嘴里，然后便浮到水面上换气。

解　析

这个梦中出现了相互联系的象征符号，这是在邀请保罗更加仔细地琢磨一下他对女人的潜在态度。美人鱼——绝美的生物——普遍象征着那种将美、神秘、塞壬般的魅力与危险结合在一起的女人。这也许暗示着保罗对于女人那种可望而不可即的美丽幻想，但是也感受到女人的险恶和情感上的破坏力。

美人鱼正在吃的葡萄和石榴代表着禁果，一种在女人之间共享的神秘喜悦，而男人被排除在外。做梦人的反应非常有意思：他的愤怒暗示了强烈的生灵妒忌之情。也许保罗需要了解这种妒忌是毫无意义的——每种性别都必然会有一些排外的共享信息。

海中的生物和奇怪的植物非常引人注目，因为它们对保罗来说非常"怪异"。它们暗示着他对女人行为的看法，在男人看来，女人的行为通常都非常荒谬。植物开出的多齿花朵和多刺茎干也反映了女人不仅容易被触怒，而且还会反过来伤害他人。众所周知，捕蝇草会利用它们分泌的蜜汁来吸引和围捕昆虫。但是，做梦人后来进入了一个漂亮的花园，也许是表明了往深处走，他便能看清女人的另一面——温柔而且平和。

衣服通常象征着公众人物和我们展示给外人的面具。保罗应该自问为什么他会注意到希瑟的衣服——外在的女性圈套——而不是没有穿衣服的（真实的）她。保罗用嘴叼住衣服。这个行为是不是暗示了他想要伤害那个曾经伤害过他的人？也许让他不安的并不是希瑟，而是经过希瑟伪装后的那个人。梦结尾的时候他需要换气也许揭示了对女人的承诺和对自由的渴望之间的某种矛盾。

如果海或者深湖出现在你梦中，这也许暗示着你在深入探究自己的潜意识。此梦中出现的美人鱼形象和陌生的海底生物都混杂了美丽和危险，表明保罗会通过再度审视自己对女人的态度获取益处。

行走的梦境

建筑物在我们的生活中很常见——对很多人来说，它们很少会脱离我们的现实。它们能够代表居所、秩序、文明、地位。家是我们存在感的一部分，因为它承载了我们的所有物，为我们的大部分生活提供场景。所有围绕在我们周围的建筑都能勾勒出我们的内心世界和外部生活：街道、商场、礼拜场所、办公室、学校、体育馆、博物馆、电影院，所有这一切都有着来源于它们各自用途的明显关联。有了这些能够立马识别出的象征符号，就不难明白建筑为什么时常出现在我们梦中。

建筑物入口或者街区会呈现不同亮度的灯光，这在梦境解析中也是一条线索。当你走在一个黑暗或者光线很暗的环境中，那就需要问这样一个基本问题：如果这个场景中出现了灯光，那将意味着什么？如果灯光意味着知识、洞察力、理解力等日常生活中常出现的隐喻含义，那反过来黑暗就会暗示无知或者理解力缺乏。如果灯光意味着爱，那黑暗就表示现实或者想象中的孤独。

在清醒世界中的一个不熟悉的公共建筑中，我们都需要利用观察和推理能力来确定路线——无论是去酒店房间还是去我们第一次拜访的办公室。因此，梦见陌生的建筑物通常都会牵涉到探寻。如果做了这样的梦，我们就该问问其中是否牵涉到某种探寻，如果是，那我们所寻找的是什么呢？

在一幢建筑中四处走动时，我们也许会好奇一扇关着的门后面有什么，拐错了弯遇到了死胡同，或者在楼梯上遭遇了一场不受欢迎的邂逅——所有会出现在梦中的经历都有其隐喻意义。

无论是惊吓还是惊喜，意外之遇都会包含很多可能的象征意义。通常，出现这些情况是为了质问我们的先入之见。假如我们梦见了一幢让人望而生畏的建筑，却发现它通往一座漂亮的花园，还能看见群山和树林。这样的剧情是在提醒我们，一个最先令人生畏的景象，最终结果也许会令人非常愉悦。同样地，如果我们梦见一座很有吸引力的建筑（朋友的家或者娱乐场所），并发现里面有着让人惊恐的东西（从遗失的地板到天花板上滴落的血），那最好还是质疑一下我们之前较为乐观的估计。

社区或独居？

梦中的建筑物可以被摧毁、忽视或者重建——这些都是解梦的线索。自问这是否涉及你与自己之间的关系（你的健康，任何的个人计划、道德、精神力）或者你与他人之间的关系（你的承诺、怜悯、人

前进或者陷入困境？

际关系）。

和建筑物一样，"载具"也是梦中常出现的主题。载具包括一些常见的交通工具，如汽车、火车、公交车等，还有电梯、扶梯、直排轮滑鞋——所有能将我们从一个地方带到另一个地方的工具。这个种类还包括我们用来搬东西的工具，如购物车、手提箱、独轮手推车，还有传递声音和信息的电话和电脑。

梦中载具背后隐藏的最为重要的特质之一便是改变。如果我们在移动，那也许代表着我们生活中的变动（职业、社交圈、活动、观点或者信仰）。这种变动既可以是实际发生了的，也可以是内心渴望的——或者担心害怕的。这种改变的速度和我们的适应程度，也许可以通过载具的速度和适用度体现出来。此外，使用手推车、独轮车或者手提箱搬运东西，根据情况，可能暗示着新的体验或者我们自己经历的某些事情，例如责任义务、工作或者错误的观点。

有的人认为带着我们上上下下的载具，例如电梯或者扶梯，代表着我们出体体验的模糊记忆，但是人们更偏向于认为它们象征着毫不费力的进步——被他物的力量运载着上上下下。

电话和电脑也许暗示了一些影响到你的远程行为，或者一种不用参与其中也能发挥影响力的渴望。或者，它们暗示的是一种力量感：一种远距离也能产生神奇作用的能力。

11 号梦工厂

做梦人

亚利桑德拉（Alexandra），45 岁，广告顾问，她已经制作完成了自己的第一个电影广告。对于放映，她非常兴奋，但是她也知道自己必须警惕 27 岁的助手塞缪尔（Samuel），他有时像是要抢走她的风头。

梦

亚利桑德拉坐在火车驾驶员的位置上。火车在轨道上奔跑，她掌控着方向盘以控制火车。轨道在空中复杂地绕着圈，四周都是雨林。她头戴一顶高礼帽，而且每当火车绕圈的时候她都需要紧紧抓住帽子以便它不致脱落。火车上有长颈鹿、猴子以及狮子。亚利桑德拉有个重要的使命——带它们去参加当地马戏团的面试。突然，她面前的铁轨开始变成蛇。其中一条蛇发出嘶嘶的声音警告说有一个危险的艺术家从精神病院逃了出来。为了躲避蛇

群，亚利桑德拉往一边搬动方向盘，离开了轨道。她知道，没有轨道来指引整个旅程，火车将会回到出发的地方。

解　析

这个梦中混乱的景象也许反映了亚利桑德拉职业的复杂性，但是其中出现的问题确实很有用。方向盘明显与她的控制欲有关。在某种程度上，她能够掌控自己的方向。但是方向盘与一列在铁轨上奔跑的火车并不协调：她也只能跟随铁轨的方向前进。她是真的掌控了工作中的一切，还是在随波逐流？铁轨也并不可靠，在空中绕圈，似乎是想要腾空于地面。方向盘暗示着汽车，轨道却暗示着火车，空中的圈则暗示着飞机。她想要怎样去旅行？她真正想去的地方是何处？梦的结尾处强调了这些问题的重要性。她是害怕回到起点吗？

高礼帽也许是权威的象征，但是每次绕圈的时候，亚利桑德拉都得牢牢抓住它。她也许对自己所处的职位有一种不安全感，而且担心失去控制权。

动物通常代表着本性，但是在这个梦中，亚利桑德拉也许考虑的是这些特别的动物对她而言是否有什么别的含义。长颈鹿有时象征着远见，猴子代表着恶作剧和贪婪，而狮子是勇气和忠诚的化身。这些动物都在赶赴面试，这意味着竞争。必须从它们所代表的品质中做出选择。

在所有伟大的传统文化中，蛇象征的品质是相互矛盾的，但是在西方国家，它常代表欺骗和危险。蛇给亚利桑德拉提出了建议，但是能相信吗？它发出警告说一个危险的艺术家从精神病院逃跑了。此处暗示了创造力也会非常危险，甚至会引向疯狂。亚利桑德拉应该怎样做才能让她的职业生涯目标更加明确、更加安全？她能相信谁呢？她怎样才能保证自己的工作有着良好的基础？

一些梦的设计似乎是特意为了引发疑惑的。要搞清楚这种混乱，一开始就要全力解析每一个元素。此梦中的火车、高礼帽、动物以及逃跑的艺术家似乎都是毫无关联的象征符号，但是通过关联，这条线索的个人意义就会非常明朗。

飞翔的梦境

所有类型的行为都会出现在梦中，从玩游戏和砍柴，到行走和梳头发。我们也会梦见自己在清醒世界里并不常做的事情，比如飞翔。

大多数的行为都包含了动作，而这些动作会反映出很多信息。如果速度快而且非常夸张，也许就暗示着从一种情况转变为另一种情况。如果动作慢，就像某些噩梦中出现的那样，那就代表了做梦人的无助。如果是兴高采烈，也许就表示改变可能是解脱——尤其是在不借助外力就能飞翔或者漂浮的情况下。这样的梦是在提醒我们，只要我们相信自己，很多事情都能成真。有时，在飞行的时候，做梦人会让他人见识一下自己的本领，这可能暗示了我们想要说服别人放下疑虑，相信我们能成功。当荣格病得很严重躺在床上时，他梦见自己飞到了一个非常漂亮的地方——这样的场景，在第三层梦中也许预示着灵魂将要离开自己的身体，回到它灵性的老家。

我们印象最为深刻的行为之一便是跳舞，在梦中，这常象征着摆脱忧虑，并表明很多日常担忧未被我们自身察觉。梦见爬山通常暗示了想要获得另一个领域的生活，但是摔跤暗示的是我们不牢靠的抱负。

对于大多数的梦中行为，背景是关键，这一点不足为奇。奔跑就是个很好的例子。这在梦中可以是一种享受，代表着进步，尤其是当我们跑在他人前面之时。但是我们也许会梦见自己正在跑离或者跑向某物。确定你为什么奔跑，然后自问这其中有何关联。跟在某物后面跑也许暗示着焦虑或者沮丧，在这种情况下，被追逐的物体通常会给这种情况提供一条根本的线索：例如你在追一个球，这也许代表你想要重新体验失去的童年。但是，如果你正在追你的车，那也许表明你觉得一切都失去了控制。仔细想想你是否追到了你想要的东西，以及你是否一开始就想要追到那个东西。

梦见骑自行车通常是一种情欲的象征符号，但是也可以另做解释。缓慢地骑上陡坡可以反映出你在生活中做出的某些奋斗挣扎，但是如果你从坡上往下轻快滑行，那你可能正在期待脱离现有的环境，享受一个全新的机会。

担忧或者高兴？

对于旅行，解梦时有很多方面需要考量：交通工具、路线、风景、速度、同伴以及所有除了简单的移动你都会参与其中的活动。你对旅行的感觉是首要的。想想你所离开的地方以及你的目的地。梦见骑马或者其他动物，动物的特征可以提供释义线索。梦见游泳或者爬山，基本的场景似乎就包含了全部的意义。

　　吃喝很容易就能如愿以偿——很多节食者会梦见"禁食"的食物。吃喝也许象征着一种对社会、情感或者智力刺激的需求。食物和饮料可以代表我们从这个世界上领取的东西，比如奖金，甚至是我们从心爱的人那里得到的待遇。被迫吃东西也许象征着家人好心办坏事或者朋友"强行喂食"。

　　现在，音乐随处可见，但奇怪的是，很少听说有人梦见唱歌。唱歌和跳舞一样，都与情感释放有关，因此被迫唱歌也许暗示着恐于情感的表达。任何创造性的艺术都可以暗示一种想要改变世界的渴望。

　　在梦见购物时，你也许是看到了向来都可望而不可即的诱人物品，这代表着受挫的野心或者渴望。给予或者接受物品会反映出我们与他人之间的关系：赠予礼物暗示着对一个人的积极情感，但是铺张浪费的赠予也许意味着失当的社会行为。生日时收到很少的礼物能反映出友谊的不牢靠。

　　竞技性运动或者打斗等与对手之间的关联等同于与这个行为本身之间的关联。如果梦见社交聚会，我们要留意他人对我们的反应和我们对他人的感觉。需要使用公厕时发现位置被占，或更糟糕的，在错误的地方如厕，此类行为表明我们打心底担心做错事，或者害怕吐露心事。

12 号梦工厂

做梦人

埃迪（Eddie），23 岁，大学毕业刚满一年。他环游了世界，体验了全新的文化，并领悟到应该找个工作，安定下来"过正常人的生活"。

梦

埃迪正在一片热带雨林中穿梭，想要寻找一名巫医——一个了解飞行秘密的人。他感觉天就快黑了。周围的一切都很奇怪，距离营地太远令他有些害怕。他听见四周密林中动物大声的嚎叫，担心自己会被袭击。突然，他、那名巫医以及一群年轻的部落男子坐在火堆旁，这些族人全都身着动物皮毛，戴着动物头饰。他们似乎是在准备一场入会仪式。和他们在一起的还有一只用后腿站立的老虎。埃迪知道，他并没有获许参与其中，因此他感觉有些沮丧和失望。但是巫医给了他一根亮色的大羽毛，并在地上放了一张白纸，于是埃迪在一旁坐下来，开始用这根羽毛将整个场景画下来，这让他感觉好多了。

解　析

这个梦给了我们一种强烈的热带雨林气息。虽然埃迪没有去过热带地区，但那一整年的异国体验已融入了他的"参考资料"，而梦中的动荡和陌生感就是来源于此。但是，雨林也暗示着混乱、失去方向以及危机感，这与做梦人目前对于未来的理解有关。这可能表明了他对黑暗的畏惧，而黑暗代表着不可知。

部落男子也许代表埃迪想要在将来的工作中认识很多朋友。不能参加入会仪式也许暗示着他担心遭到排斥。他们的服装非常重要，弗洛伊德认为动物常象征着做梦人的本我。部落男子都穿着动物皮毛，这代表他们跟自己的本性相处融洽，但是埃迪却担心自己难以承受自己的本性——他担心动物会袭击人。

此处可能存在两个原型角色，两者联系非常紧密：老虎向来都是残暴和魔力的象征，而巫医在某种程度上则象征着年长的智者。老虎依仗后腿的力量站立这一事实加强了这样一种印象：它代表着一只强大的动物，一个将巫医引向另一个世界的生物。

埃迪需要自问为什么想要找到那名巫医。他是否在探寻着某种指导？如若如此，那为什么巫医什么都没告诉埃迪，却只给了他一根羽毛？在南美洲的传统中，羽毛象征着真理和羽化登仙。

埃迪利用巫医的礼物发现自己已用丰富的经历充实了自己，而他这一生应该从事某种创造性的工作。

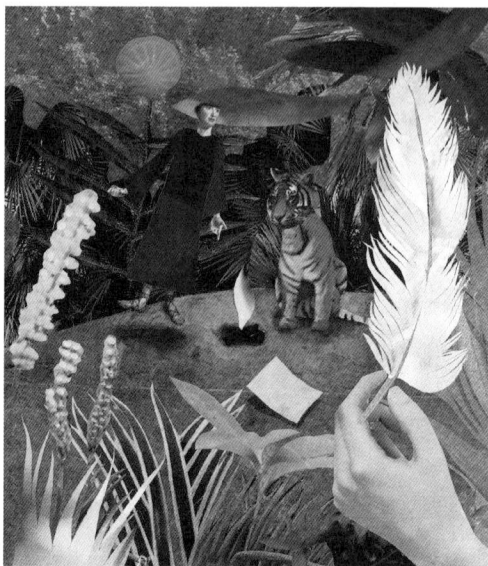

很多时候，我们做梦并没能解决问题，反而会出现更多疑问。我们不可能对这根羽毛进行确切的解读，或者解释为什么没有墨水还是可以将其当笔来用。但是在梦中，超越常规通常是一个积极的信号，暗示着有办法可以解决我们的问题。探索梦中象征符号的可能解释便是建设性的第一步。

在梦的大自然中呼吸

在这个大部分都是人造的生存环境中，我们很容易会忘记自己来自大自然，而我们的生存也是仰仗于自然。但是，梦并没有忘记这些。我们的潜意识非常明白我们根植于何处，并渴望再度连通自然。

在解梦的时候，不要只关注显而易见的人与人之间的联系。如果梦中出现了自然环境，那其中的细节便有着显著的象征意义。

除了特殊的关联，梦中的自然通常显示的是一般意义，比如促进生死循环的生命力，它代表了精力充沛的活力。如果你善于接受这来自梦中世界的影响，那你在现实世界中也能展现出全新的活力：你甚至会发现自己在以全新的热情迎接每一天的到来。

古人总结了四大元素——火、土、气和水，而这些元素都是集体潜意识的主要组成部分。虽然科学已不再承认这四大元素，但它们仍然有着丰富的象征意义，永不过时。

火代表着两个完全相反的对立面——毁灭和创造。它能够毁灭一切，但是对于生存来说又非常重要，它为新生提供了温热和赖以生存的土地。传统上来说，它象征着激情。土是让我们保持真实的基本元素，是我们得以存在的基岩。岩石因其永久的扩展性和情感的稳定性，其自身就能代表永恒。和火一样，土的象征意义模棱两可，它也能代表对于改变的不屈服、不反应。气是吸入我们肺中的元气，而风会带来改变和复兴。当然，我们都知道，气在梦中并没有其他三大元素那么明显，但是你可以从微细的表象中看出：移动的云朵或者发出沙沙声的树叶都暗示了微风，或者感觉到爱人的呼吸拂过你的皮肤。水向来都是纯洁和净化的化身，我们可以从中学会如何应对障碍——绕过它们而非产生正面冲突。水的其他关联包括潜意识（大海般的深邃）、纯洁、宁静以及给养生命。

总的来说，四大元素极好地概括了我们应以何种方式去体会这个真实的世界，还有我们自己。在渐入梦乡的时候心里一直想着这四大元素，可以推动潜意识在你的梦中向你展示这些基本的自然联系。

弗洛伊德和他的门徒都将此看作是性爱符号的源头——波浪和水被看作性行为，山谷和高地被看作男性的生殖器。但事实上，山脉是一种非常励志的象征符号，它们通常代表了我们上升到一个较高的境界；而山谷代表繁育力、舒适安逸和安全。山脉通常象征着男子气概，而山谷代表着女性气质，并不是必须理解成情欲含义。

树可以代表权威和力量、家人（家族）、承诺给予的荫蔽和温暖。不同种类的树能够增加它们自身特有的含义：柳树代表柔

鱼

好运？
繁育力？
不稳定性？
创造性？
重生？

云

转瞬即逝？
轻快明亮？
朦胧晦涩？
威胁？
重新开始？

树

生命？
成长？
稳定？
避难？
力量？

韧灵活，也许还有悲伤（因为其低垂的柳枝）；教堂墓地里常见的紫杉有着暗色的树叶，代表着必死的命运。梦有时还会玩文字游戏：如果梦中出现松树（pine tree），此处取"pine"这个单词中"哀悼"的含义，就可以将其解释为哀婉叹息，差不多就是这种树本身的含义。

花暗示着脆弱和转瞬即逝的美丽——虽然肯定有一些是四季开花的多年生植物，蕴含着重生的意思。它们也暗示希望和乐观主义，但是我们也应该注意到有些花与丧葬有关，比如百合。

当自然的象征意义流经我们的梦境，我们必须注意各种解析的可能性，而不是基于传统象征主义选择过分简单化的一对一解读——更不能认为自然事物通常都带有较为随性的模糊含义。个人会凌驾于大众之上，或者做出让步，或者让其做出较为轻微的改变。水对于某个做梦人来说也许会唤起一种不好的童年经历，比如在航船的时候遭遇了风暴差点淹死。而对于另一个做梦人来说也许是在一潭宁静的湖水旁度过了非常开心的钓鱼时光。此处重要的一点在于，即便是静水——天空和森林在其中倒映出一幅田园诗般的美景，对于第一个做梦人来说也会触发警报，他的潜意识也许记得的是风暴之前具有迷惑性的宁静海面。而第二个做梦人，那名钓鱼人，也许记得的是发生在湖边的悲伤往事——比如，爱人的离去，这样的悲伤回忆盖过了往昔的美好。个人经历会让原本已经非常复杂的符号词汇表更加复杂。

场景的每个方面都会受到个人关联的影响，也许是类似于意外事故的回忆（上文中的钓鱼人），也许是自然灾害引发的事变（上文中的水手）。这些潜在的因素都属于个人关联。由水火引发的意外事故非常常见。自然界中很少出现自发燃烧的火，因此解梦人在解梦的时候，会提出诸多有关营火（尤其是儿时的营火）或者炉火的问题。如果这两者都不可用的话，那火与愤怒（激情消极的一面）之间的关联也许最有可能。你也许担心自己的怒火失控，或者曾经害怕别人——父母或者老师——生气。土也许暗示着一种常见的、深埋于心的焦虑——担心被活埋，与担心我们终将死亡的命运有关；从个人角度来看，土也许会让人想起小时候担心被闷死。如果睡觉时你的内心非常紧张，所有这些都容易逐渐演变成噩梦。

但是，同普遍的象征意义一样，与自然相关的个人象征主义通常比较积极。虽然我们不能确定其与特定的人生经历之间的关系，但我们也许会感受到一种与自然之间的特殊联系：花也许就代表着赞扬和支持；来源于火的温暖暗示着欢迎和殷勤款待；湖或者河流会让人感觉放松和闲暇安逸。

太阳、月亮和星星当然存在于宇宙之中。太阳在古代文化中被看作是君王，富有男子气概、活泼外向、强大、具有可预见性；象征女王的月亮非常神秘、飘忽不定、富有魔力与直觉。在某种程度上，我们所有的心理天性中既有太阳的一面又有月亮的一面。阳光是我们外部生活的媒介，而内在的自我可以说是更加富有月亮的特性。星星与命运、灵感、遥远的距离有关，而在今天，它无疑又与名气有关。

炫耀?
好斗?
异国情调?
重复性?
自我?

鹦鹉

教条主义?
智慧?
独处?
神秘事物?
掠夺行为?

猫头鹰

高贵?
合作?
力量?
速度?
聪颖?

马

2006

独立?
耽于肉欲?
舒适?
暗中行动?
敏捷灵活?

猫

鹿

害羞?
脆弱性?
野性?
自由?
优雅?

释放你的动物本性

动物携带了数世纪以来的传统象征意义，出现在梦中时，它们的情感关联和个人关联也会影响到梦的解析。比如，自古以来，狮子都象征着勇气，但是，你会梦见狮子，也许还有其他的因素在起作用。狮子也许会代表恐惧，或者是对它们王权的称赞，或者你可以将它们看作是强大的独立性的化身。也许你最近在走过一张地毯时，下意识地就想起了狮子的皮毛。如果是这样，就会出现这样一个问题，为什么你的潜意识中会存在这样的细节？这一深植于心的记忆也许反映了某些重要的事情？

同样含糊不清的情况也出现在猫头鹰身上：它代表着智慧，但它同样也是残忍的掠食性动物，在寂静黑暗的世界里活动。它还暗示着教条主义。倘若如此，这也许是一种对于学习的渴望，或者对远离真实生活的担忧。同样地，蛇也有着纷繁复杂的含义，狡诈、鬼鬼祟祟、优雅、背叛、隐形、性能力以及再生——因为它会蜕皮。

狐狸表示狡猾，老鼠和猪似乎暗示着邋遢和道德败坏（对于后者来说不太公平）。猫象征暗地里行动和独立性，但是很多人将它们当宠物养，因此个人的关联也要考虑在内。小猫趋向贪玩或者调皮。狗可以唤起温馨的个人情感，强烈地暗示着忠诚，虽然它们也可能是恐惧的源头。记住，宠物的死去通常是孩子经历的第一次伤痛，这种创伤会深埋在潜意识中。

动物是儿童故事中的常见素材，它们在这方面的重要性会激起整个梦中世界的涟漪。睡前故事的记忆是梦见动物的关键，除此之外很难理解为什么会做这些梦。

弗洛伊德将动物看作是我们本性的象征——天然无雕饰。如果你发现自己接受了这样的思考方法，那就一定要在整个梦境中确定，这个梦是暗示着你应该更多地释放自己的本性，还是对其加以控制。

在基督教出现之前的宗教中，鱼代表着繁育力、复兴，甚至重生。它们会出现在第三层梦中（像独角兽或者龙一样的神秘生物也会出现），而且还标志着深刻的洞察力。

抓紧梦的道具

·····························

梦中意识似乎非常喜欢在我们的大多数梦中展现一种相对真实的背景——帮助我们设定梦的基调，增补所有出现的物件的象征意义。因此，车通常代表着旅行，但是如果将其放置在一个粗鄙的、工业化的场景中，它也许暗指需要逃跑；或者放置在一个令人愉悦的乡村场景之中，那就代表着有探险的冲动。只有将其背景环境完全纳入考虑之中，才能有效地解析物件。

研究物件与整个梦之间的关系，有助于将物件归入合适的种类里：家用类、工作和职业类、创造性和信息类、衣物类、闲暇和爱好类、武器类。关注梦中物件中任何不同寻常的地方，以及你对其产生的情感反应。

家用物件是梦中最常见的物品之一。这些物件我们每天都会用到，不用做过多思考，而重复使用这些物件肯定还会对我们的潜意识造成一定的影响。它们都是我们在家里常会递给他人的东西，因此梦中出现它们就常与血缘关系有关。所有梦中物件中，它们是最有可能出现不协调特征的事物，这样一来我们便可以将其纳入解析。比如，一个没有壶嘴的茶壶，也许象征着你期望受到欢迎（茶壶），但最终结果却让你失望了（没有壶嘴）。一间摆满了网球拍的起居室也许暗指休闲时间被家务所占据。梦见一台电脑没有屏幕，取而代之的是一面镜子，这也许代表着不愿意越过自己的利益把目光放得长远。

如果第一层梦中出现非常逼真的物件，它们的出现也许是作为对于某件即将到来的事情所产生的焦虑或者兴奋之感的焦点。而且，如果它们是家里非常重要的东西，我们也许只是对它们有着内疚之情——比如，你梦见的那张椅子，你一直都想要为其更换坐垫却没有付出行动；而那架老掉牙的钟走调的报时声，也让你的丈夫烦恼不已。

工作环境也常会为梦境提供非常丰富的具有象征性的物件——从计算器到文件柜，所有的一切。在工作地点，诸如椅子、桌子之类的物品作为地位的象征可能会被赋予过于夸张的重要性，如果你对自己的事业或者在公司里的位置非常担心，那在梦中你就得留意一下这些物品。抽屉上锁，钥匙已经遗失，这也许暗示着你对于自己获取的信息非常焦虑，而一张非常杂乱的办公桌也许代表着你总是纠结于自己的事业道路不是很平顺。

如果自己不是有创造力的人，梦中出现与创造力相关的物品（画笔、乐器等）也许会让我们大吃一惊。但其实我们每个人都富有创造力。我们常常会忽视自己艺术家的一面，因为在童年以及后来的生活中缺乏创造的勇气。如果梦中常会浮现创造性行为，这暗示着没有得到满足的创造性冲动。

正在使用的物品——某种工具或者乐器——常暗示着表演，

而表演可以展现很多情感，从因不会放风筝而感到难为情到要用开瓶器将软塞从瓶口拧出来的决心。此类梦中，最让人感到满意的便是发现自己会演奏某种从未学过的乐器——你的潜意识在向你传递积极的信息，这是你承认自己隐藏的创作灵感，并将它们释放出来的好时机。梦到拥有某种令人兴奋的魔法工具，例如能让你飞越乡野的鞋子，也是在暗示强烈的创造激情。

所有的物品在某些时候都可能代表的不是它们自己，在梦见武器时，这一点尤为正确。弗洛伊德式的梦境解析倾向于将武器解释为男性性征的象征——尤其是那些插入式的武器，例如匕首，或者射出式的武器，例如手枪。但是，还有别的可能。从表面上看，武器也许暗示着挫败和攻击性，也许与工作或者情感中出现的问题和矛盾有关。但是如果我们深入探讨，它们也可能表示一种对改变的强烈渴望，想要打破常规前往一个新的方向。武器也可以代表力量，表明做梦人迫切地想要反击不公正的事情，或者只是想要引起别人的注意。

与死亡相关的物件常出现在梦中。棺材、墓碑，甚至尸体和毫无生气的手和脸，这些都有人梦见过。在做梦的时候它们可能非常吓人，而醒来之后也许会引发对真实死亡的担忧，但是真正的含义却与改变和新生有关。死亡是重生的前兆：在印度的教义中，破坏之神湿婆也是司掌改变之神。但是，枯萎的花朵代表着乏味荒芜，某些珍贵的东西因为疏于照顾而逐渐消逝。这样的道理同样也适用于那些一触即逝的物品。

礼帽

礼节?
荒谬?
自命不凡?
伪装?
权威?

表

守时?
价值?
规律性?
心跳?
焦虑?

释放解脱或毁灭?

鞋

情欲?
控制优势?
限制?
保护?
稳定性?

花瓣

庆祝?
悲伤?
柔情?
转瞬即逝?
美?

玩具是一种与日常关联完全不同的物件，有些人会经常梦见玩具。最明显的是，它们代表着童年，也许还有我们对重新体验童年舒适和安全的渴望（这并不是说每个人的童年都有着这样的重要性）。但是玩具也可以象征欺骗。洋娃娃代表着母性，或者还暗示着某人一点没变，僵硬呆板，或者毫无起色。士兵玩具也许暗示着组织化管制。而玩具车或者代表生活中贵重物品的玩具，都暗指我们要比表现出来的更加自命不凡。

常见的物件对不同的人来说也许象征着不同的东西。对于一个现实主义者来说，机器也许代表进步，而对于一个有着浪漫主义情怀的人来说，它象征着人性。其他有着传统关联的物品，例如珠宝，是潜意识会借助的东西。钻石代表着永恒和纯洁；蓝宝石代表真理和平和；绿宝石代表自然界和希望；红宝石代表忠诚、力量和激情。一堆珠宝暗指隐藏的财富或者智慧。黄金通常象征着王权、光明和男子的阳刚之气，但是白银则承载了神秘、黑暗和女子的阴柔气质。

梦见收到来信，也许可以通过寄信人的身份找到信息，意想不到的包裹也许暗示着前方会出现新的挑战。寄信也许暗示着一种凌驾于他人之上的力量感。

如果发现梦中的事物很难解析，可以想想其所代表的物体。它是用于那种目的吗？有效吗？你对它有兴趣还是感到厌烦？它是谁的？有情欲方面的含义吗？如果找不到答案，那就将问题先放在一边：在你不去想它的时候，潜意识也许会揭示其含义。

13 号梦工厂

做梦人

詹森（Jason），40岁，旅行代理商，单身。他在几个月前与姐姐大吵了一架，因为她含沙射影地说他孤僻不好交际，作为舅舅一无是处。他觉得自己是不是反应过激了，但是他还没有鼓起道歉的勇气。

梦

詹森站在自己母校的教室里，穿着一套过时的校服，校服太小了，穿着很不舒服。他旁边是一面黑板，上面画着世界地图。挂在天花板上的是他的骄傲和乐趣所在——一辆老式的哈雷摩托。他注意到快上课了，因此他走到教室后面坐下来，惴惴不安地等待老师的到来。门开了，一名女交警走了进来。"今天的课，"她说道，"就是关于怎样用漂亮的纸和缎带包装礼物。首先，让我看看你们都会些什么。"

詹森从口袋里掏出一只青蛙，想要用手帕将它包起来，但是青蛙一直不停地跳，跳到了手帕外边。然后交警便开始在笔记本上写着什么，詹森估计她也许是记录他的表现不佳。她问他叫什么名字，他回答说"通用汽车"，女交警觉察到一些不对劲。她向他敬个礼，吹了声口哨后说，没办法，只能没收摩托车。这时，一群孩子拥进教室开始卸那辆挂在天花板上的摩托车。车还没卸下来，下课铃声就响了，他也醒了过来，才发现原来是闹钟的声音。

解　析

詹森的梦发生在教室里，暗示了他姐姐最近对他的责骂是在"设身处地为他着想"，并触动了他童年的回忆。但是，教室对成年人来说是一个不太相称的地方。他不合身的校服也许暗示着他并不完全接受这种境况。

詹森焦虑地期待着老师的到来，这也许暗示着他对于权威有着孩子般的恐惧，尤其是那种来自外部包装而非内在品质的权威。这种念头一直持续到老师变成了交警。詹森应该考虑一下他与姐姐之间的关系。他害怕姐姐？

包装礼物的任务通常是由女性来完成的，因此詹森也许是将其看作对他男子气概的一种威胁。但是，他的表现却不尽如人意。他从口袋里拿出的是一只青蛙，一种象征着狡诈的生物，还象征着詹森自己缺乏威信。为了表现自己不女孩子气，他没有使用"漂亮的"包装纸和缎带。他想用手帕，但是手帕在此是一件不合时宜的物品。

詹森想要通过将自己与一家大型汽车生产厂商联系在一起，以宣称自己的权威。男子气概的象征符号让他安下心来。他的摩托车暗示了孩子在自己的玩具中寻找安全感，它高高在上的地位表明他想要提升其重要性。老式的哈雷摩托是力量和男子阳刚之气的典范。但是，交警最终还是没收了这辆摩托车，而孩子们也将它拆卸了下来，这证明其作为阳刚之气的象征具有不稳固性。

在梦中，发生在一件物品上的事情与发生在人身上的事情同等重要。此梦中，孩子和女性掌控了男子气概的原型，揭示了做梦人打心底知道真正的快乐并不在于拥有力量，而且也是时候将精力转移到家人和人际关系之上了。

梦的数字为你占卜

数字是最有意思的存在之一。数学模型是理解现实世界的最好方式，而宇宙似乎从创造之初便遵循的是数学原理。因为古人相信数字可以用于占卜，于是发展起了数字命理学。即便是现在，人们对数字的运行方式以及彼此之间的联系都还处于不断的探索之中。

在梦中，数字也许扮演着原型的角色，关注那些出现或者重复出现的数字很有意思。房屋或者公交车都有其编号（个人关联在此又会起作用），有时，人会出现在一群可辨识的数字中。梦中的某个人也许会重复某个词或者某个行动很多次。

解析数字的一种方法就是一开始便确定这些数字是奇数还是偶数。很多文化认为奇数主动且具有男子气概，而偶数则被动且具女子气质——考虑到我们所有人都是男子气概和女子气质的结合体，那这一说法就不存在性别偏见。"主动"是指奇数倾向于不稳固，易动摇，而偶数显得较为稳定且静态——三脚架就没有四脚架那么稳固。在梦中，奇数也许暗示着行动的需求，而偶数则强调了平衡和协调的需要。

　　你可以使用自由关联或者直接关联来解读单个的数字，或者想想这个已经确定的含义是否引起了共鸣。传统上来讲，一代表起源，万物的源头；二代表对立面相互促进的结合；三代表神圣的三位一体，以及意念、身体和灵魂三者的结合；四代表大地和完全均衡；五代表人类（人类有四肢和一个脑袋）；六代表实现和圆满（最初的三个神圣数字的总和）；七代表天与地的结合；八代表再生和重生；九（三乘三）代表完结和收获；十代表所有可能性的综合。零不仅象征空无一物，还象征永恒，没有开始也没有结束。

第四章

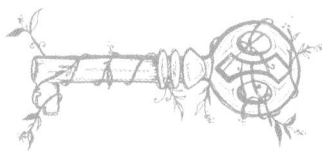

奇妙梦之旅

乍看之下，梦毫无意义——斧头也许会变成蛇，你也许会在一个暗影迷宫中迷路，天上也许还会下蛋奶糊。但是，不管梦境多么怪异，做梦时我们都能接受。梦会改变我们日常生活中的逻辑，这样做是为了提醒我们，不应该太拿现实生活当回事。

扭曲的梦时空

逻辑分为两种：演绎逻辑和归纳逻辑。演绎逻辑包括前提、事实陈述和结论。举个大家都熟悉的例子："所有的人都会死，苏格拉底是个人，所以他会死。"归纳逻辑常用于科学之中（虚构侦探福尔摩斯也喜欢用归纳逻辑），先列出论据，再做出总结："教堂外面有五彩纸屑。只有结婚的时候才会撒五彩纸屑。因此教堂里肯定在举行婚礼。"

我们所有人都会使用这两种逻辑去理解我们的世界，并且得出有助于应对生活的结论。

大多数的梦中世界，既不遵循演绎逻辑，也不遵循归纳逻辑。这让人很是为难：很难搞清楚潜意识为什么要按照自己的逻辑行事。但是，通过观察我们的梦是否创造了它们自己的规则，我们也可以逐步理解梦中逻辑的运作方式。

首先你会注意到梦并不关心细节的真实性。比如，你梦见自己的卧室，但是在梦中窗户的位置却是错的，或者原本房间里是一扇窗户，而梦中却出现了两扇。又或者你梦见某个认识的人，他的样子却与之前不一样——有意思的是，这并不妨碍你认出他来。或者，清醒世界里你原本是弹吉他的能手，但在梦中你却丝毫不会。这些细节的错误，通常会在你第二天醒来回想梦境的时候才会被发觉。做梦时，你照单全收。

你也许还注意到梦从不考虑前后一致。在一个梦或者多个梦中，不仅场景的细节会发生变化，而且梦中出现的物件或者人物都会自己改变，甚至在你不眨眼地看着他们的时候。一项皮草帽子也许会变成一匹马，朋友会变成陌生人，书可能会开花。梦中的意念一点都不惊讶地接受了所有这些变化。（学会留意这样的转变，有助于将梦变成"清明梦"，我们在第六章中会详细描述。）

梦不仅会无视同一律（一件物品在梦中会变成其他物品），还会忽略时空法则。我的一个朋友曾梦见自己独自乘坐火车去东欧，前往一个名为普林（Plin）的地方（后来他发现这个地方压根儿不存在）。他打算去那儿与他哥哥碰头，而他哥哥也是一个人从布拉格（Prague）出发前往普林。午夜的时候火车停在了一片空旷的原野中。当了解到不会有其他火车之后，他拿着行李走出火车，开始步行。突然，他看见一个路牌上写着："费舍尔·格林，2英里。"他回到了熟悉的地方，此处距离他位于伦敦一座小型郊野公园旁的家只有10英里路程。他给哥哥打电话说他不能在普林与他碰头了。

这就是梦——没有夸张，也没有掩饰。也许会有这样一个问题：此梦中的时空是否被扭曲了？不用做过多思考就能找到答案，因为梦并没有距离和时间的参考标准：它会省略行走的过程。最好的回答也许是时空都受到了扭曲，因为梦中展现的这两者都并不真实。除此之外，礼貌行为的标准也受到了扭曲：他根本没有为不能碰面道歉。话又说回来，让我们看看梦中究竟发生了什么：提着行李从东欧步行到英国。这简直让人难以置信。此处必然出现了某种魔法——潜意识的魔法。

这个例子非常典型，但是很多梦（尤其是第一层梦）中的思想和行为确实相对符合清醒世界的真实情况。通常我们在梦中依然遵循的是我们正常的是非观。我们也倾向于保持自我存在感，虽然我们也许会比现实中年轻或者年长，但我们仍然知道哪个是自己。我们也会体验到正常的情感。因此，纵然梦并不关心外部的细节，但它们表达我们基本的天性是没有问题的。

记住这一点，梦也许在用其前后不一致来传授给我们一些有益的课程，关乎我们自己，关乎他人，也关乎我们生活中的其他方面。概括地说，它们是在提醒我们，这个世界虽然看起来足够坚固，但也处在一种不停的变化之中，我们在其中所处的位置是不稳定的。在很多方面，梦中意念代表着一种比清醒意念更具感知洞察力的一面。梦不会受到物质世界中五花八门活动的影响，它只身退隐，领悟了许多隐藏在存在之谜背后的秘密。也许在梦中，我们更接近现实的本质。

14 号梦工厂

做梦人

凯特（Kate），44 岁的繁忙女性，她担心由于自己没有充分了解两个青春期女儿的时间安排，导致她们交友不善。

梦

沙漠中有三个条纹帐篷，说详细点，就是像阁楼一样的结构，周围放牧着骆驼。但是，梦中的其他元素暗示了这是西部荒野：有间小酒馆，酒馆外拴着马，酒馆里传来夜总会的音乐声。有一间修建中的银行，银行的正面布满了美元标志。一个长着络腮胡的男人正站在梯子上，用黑色颜料在银行的墙上画着假窗户。一名医生在一个临时屋棚里售卖蛇油药物，人们排起长龙等待应诊。有的人已经买了药在肮脏的道路上翻起了侧身翻；有的人脸色铁青，病倒在地。

解　析

帐篷为这个梦的解析提供了一条重要线索。帐篷代表着隐藏，如果凯特的女儿不相信她，那她需要找出是为什么。当然，她们之间的关系有些方面确实需要注意。但是梦中似乎还有更多的含义。有三个帐篷，其中一间是做梦人的。凯特也许就是将帐篷用作藏身之所的那个人，这反映了她与别人之间的总体关系。

沙漠暗示着她们家人关系的现状，也暗示了凯特的孤独。骆驼——"沙漠之舟"——很明显是穿越沙漠的最佳工具，但是因为某种原因，凯特并没有使用它们，自己否决了旅行和进行新体验的机会。

不协调的西部荒野景色暗示了一部老电影，因此是人造的。银行再度证明了这个观点，而银行通常都暗示着安全，但是更多的是与金钱有关。这也许是警告凯特，贪婪和物质财产都是虚假的诺言。银行的窗户是假的：它们代表着虚假的隐藏。甚至那个男人的络腮胡都是假的，是他用于隐藏的一种伪装。

蛇油商人是一个不足为信的人，他的出现进一步强调了这个梦所建立的欺骗基调。也许凯特自己过去曾对别人失望过。她注意到，有的人已经服了药，正在侧身翻——一种引人注目但不是一种正常或者有效的行进方式；其他人脸色铁青而且病倒了。（青色可以象征自然界，因此为进一步的询问提供了一条很有意思的线索。）凯特明白欺骗是不能容忍的。商人的药并不能达到内部疗愈的目的。在内心深处，她明白幸福并不来源于他人，而是发自于内心。

　　电影会潜入你的潜意识，为你的梦提供一些基本元素。如果遇到的场景你从未经历过，那就需要问问这是否有其他来源。此梦中，人为的电影设置强调了一条贯穿整个梦境的信息——凯特需要抛弃欺骗，寻求坦率与真诚。

荒诞的梦故事

梦有时就像个总是抓不住重点的老朋友。它们喜欢漫游：一个开始于海边的梦，也许结束时是在你办公室的办公桌旁；而一个始于你办公桌的梦很有可能终结于一条空旷的大街，一阵模糊的钟声从你儿时传来。

梦看似混乱的本性导致很多人认为其荒唐无意义而不予理睬。但是，如果我们审视一下清醒世界的叙事，常会发现现实也没有逻辑，总会出现障碍、计划的变更、突然结束某一活动以开展另一活动，等等。对于旁观者来说，我们的行为也有可能是杂乱无章的。

此外，如果我们更进一步，开始坦诚地观察我们具有代表性的思维过程，也许会发现其奥秘甚至更加随意。鉴于所有这一切，潜意识的叙事方式必然不会比显意识更加有条理。

梦继承了清醒世界中的不连贯模式，而且在各个方面上都显得更加混乱。它们习惯于忽略内部联系。因此，它们会从一个位置迁往另一个位置，从故事中的一节跳到另一节，场景的转换之间没有任何过渡。它们所关心的只有那些与潜意识内容有关的情节。

最好还是不要将一个梦看作是一个故事，而是看成几个小故事的总和，就像一本短篇故事集。此外，你也许会将梦看作是一个个独立的梦——每一个梦都由几个无梦（你没有察觉到自己做了梦）之夜分离开来。每一个"独立"的梦或者小故事都有其自带的信息，因此需要分开解析。但另一方面，将所有独立的插曲综合起来看也许更有意思，更能揭示一些东西，你也许会从中发现某种模式——也许是连续的，也许是相互对照的，也有可能是一系列类似的。

在解析梦境时，"叙事"是一个被广泛使用的概念。梦一般通过展开的事件进行叙事，而此处的叙事就相当于讲故事。但是如果你想找到清晰的开头、经过和结局，以及明确的动机和人物角色，那你就要失望了。如果将梦比作故事，那它就属于带有魔幻现实主义色彩的现代派试验性风格。但是因为所有奇怪的情节并置，神秘的不期而遇或者环境的变化，时间上的倒叙和特殊的结果，所以，一些人发现，将梦看作是内部的电影制作——意念的一种探索性电影——也许更加有助于理解。

解析梦境叙事最好开始于自问是否有所发展。我们以下一节妮可（Nicole）梦见飞翔作为例子，整个叙事从想象中的儿时团聚发展到飞翔的兴奋体验。这个过程让我们能够摒弃一种完全不同的梦境解析：妮可应该放下公司，在个人的追求中找到自我的满足感。梦中的快乐不只是来源于飞翔，还有被放大的前景。首先，如果不和朋友们碰面，就不会有后续的飞翔体验。其次，是妮可的朋友发现了气球并指给她看，而礼物的交换意味着狂喜，只有

慷慨的举止才会带来这种体验。梦中连续发生的行为和出现的象
征符号产生了一种貌似正确的分析。

　　这个梦相对比较连贯，叙事清晰。你做过的很多梦也许都比
较模棱两可。有时，你甚至会觉得你所梦见的东西更像是一个故
事的创作笔迹和梗概，而非一个故事本身。在这种情况下，分析
法也许值得一试：发展也许就是从一个画面转向另一个画面。设
想有人梦见一列火车从一所房屋和一片怒放的花丛之间穿过。即
便是这样一个小画面也有解析的余地，因为这是从一个受约束的
前进运动发展为向四面八方伸展，同时也是从机械到观感的发展。
这个梦所表现的所有意思，包括房屋的重要性，一如既往，都主
要取决于做梦人。

15 号梦工厂

做梦人

　　妮可（Nicole）刚 30 出头。五年前她离了婚，失去了自信，因为她来自离异家庭，而她发誓自己不会像父母那样。如今她已再婚，搬到了一个新的城镇，并觉得自己比从前幸福。

梦

　　妮可与自己儿时的朋友莫妮卡（Monica）一起坐在一片漂亮的牧场上，其实她们自从初中毕业就再也没见过。她们坐在一张小毯子上，毯子有着亮黄的颜色，似乎把她们的脸也映黄了。她们都带了要送给彼此的礼物。妮可送给了莫妮卡一个乖巧可爱的洋娃娃，而莫妮卡则送给了妮可一顶化装舞会上用的海盗帽。她们各自把玩着自己的礼物，有说有笑。莫妮卡笑着指向一大束飘过山头的橙色气球。妮可因为一种强烈的渴望而站起身来，去追赶那束气球。她越跑越觉得浑身是劲，后来她跳起来升到空中，位于

原野、河流和房屋上空。最终，她抓住了其中一个离群气球，放下
尘世的所有眷恋，让它带着她飞翔。醒来的时候她依然沉浸在飘
浮在空中的满足感中——虽然她失望地发现自己仍然身处地面。

解　析

　　这个梦暗示着妮可逐渐明白生活中最重要的是什么。牧场是
很有意思的原型符号，因为它们联系着文明花园和自然荒野。因
此，它们常暗示宁静、安全以及对简单生活的渴望。在这个梦中，
妮可还与一个老校友待在一起，也许她是希望回到一种更加纯真
的生活状态中。她的朋友莫妮卡在梦中通过指向气球提供了指导。
回顾过往也许表明了妮可想要在未来获得幸福的途径。

　　梦中有几个象征符号也许是妮可想要注意的优良品质。女孩
子交换礼物是一种关系融洽的表现，乖巧的洋娃娃象征着爱和柔
情，海盗帽暗示着扮演，一种对冒险和犯法的尝试。黄色可以是
一种摇摆不定的色调，但是梦中是一种明亮的黄色，而且映在了
姑娘们的脸上，因此它也许代表着太阳，暗示直觉、信任和善良。
橙色暗示着灵性、爱和幸福，尤其是在印度和远东地区。

　　球，也就是气球（可飘浮的球），也是太阳的象征，妮可在
追赶气球的时候感觉精力充沛。所有飞翔的东西都可以代
表强烈的渴望、希望和梦想。妮可抓住了一个离群的气球，
暗示着一种独立精神。她飘在空中的时候所看到的乡村代

表着一种新能力，能更客观地将事情看得更清楚。梦结束后的失望感进一步证明了梦富于启发和振奋人心的功能。

梦见飞翔或者漂浮，是潜意识与生存感的固有喜悦再次取得联系的一种方式。妮可跳跃和漂浮的幸福让她得以重新观看这个乡村——最新的观点认为，不该草率地将这个梦看作是纯粹的愿望——获得满足感或者告别现实。

在神话中寻找归宿

在古希腊有关海洛（Hero）和利安得（Leander）的传说中，海洛是一个漂亮女人，被她好猜疑的父亲囚禁在达达尼尔海峡（Hellespont，位于希腊和土耳其之间的海峡）东海岸的一座塔里。她的爱人利安得住在西海岸，每天晚上都会游过海峡，与她秘密度过几个小时的黑暗时光，然后第二天早上再游回去。为了向他指示方向，海洛在屋里点了一盏灯。一天晚上，风暴吹熄了灯火，利安得因为迷路而淹死了。第二天早上，海洛看见塔下爱人的尸体，于是便跳下塔殉情而亡。

你也许会觉得这个传说很感人，却不现实。没有人能够在 24 小时之内两次游过达达尼尔海峡，而且夜复一夜，而风暴过后，尸体也不大可能正好出现在窗户下方。但是从情感上来说，作为男女之间的爱情悲剧以及双方的自我牺牲，这是合情合理的。这恰好就是梦所拥有的那种情感冲击。它们探索着我们最深的希望、欲望和恐惧，而且通过这种方法，它们有助于反映遍及我们生活的私人顾虑。

这么多年之后，神话传说依然能够引起我们的共鸣，这一点表明了它们与人类心灵之间的紧密联系。在创作这些故事的时候，那些不知名的作者展现出了过人的智慧，而且在某种程度上，他们编写了最初的心理学课本。因此，研究神话传说是最有效的解梦方式之一。它能帮助我们更深入地看清梦中的故事情节，同时也能帮助我们理解在第三层梦中遇见的所有原型角色。

父母和孩子之间的斗争在早期的希腊神话中占据着重要的位

置——尤其是提坦神克洛诺斯（Cronos）对其父亲天神乌拉诺斯（Uranos）施加的暴行，以及提坦神和奥林匹斯神之间的王权之战，这场战争最终以宙斯获胜结束。所有对家人之间的紧张关系感到非常焦虑的人都可以从这些神话中找到很大的相似之处。更加鼓舞人心的是尤利西斯（Ulysses）与伊阿宋（Jason）的远征，以及奥维德（Ovid）写的《变形记》（*Metamorphoses*），这些都展示了爱改造他人的力量。我强烈推荐你们去读读各个文化传统中的神话，这些神话可以锻炼你的想象力，也可以为解梦打开思路。

梦想成真

伊丽莎白时期的诗人罗伯特·布朗宁（Robert Browning）写道："嗯，但是一个人的能力所及应该超越他所能实现的范围，要不然拿天堂来做什么？"换言之，我们应该去追求更加优秀的自我。西格蒙德·弗洛伊德认为梦是一种实现愿望的形式，弥补着现实生活中的很多失望或者束缚。这个观点淡化了梦对于自我理解和自我发展的重要性，但是它值得我们予以重视，因为愿望实现必然是很多梦的组成部分。

弗洛伊德认为愿望实现大多数都会受到情欲能量的驱使，但是卡尔·荣格否决了这种"泛性论（pan-sexualism）"，并将注意力转移到我们较高级的能量——也许可被称为精神诉求——上来。佛教认为这是渴望一种摆脱苦难、获取不死灵魂的超脱状态。诗歌再次生动地表达了这个问题。在《奥玛四行诗》（*Rubaiyat of Omar Khayyam*）中，诗人巧妙地将整个世界按照自己的愿望进行塑造，对他心爱的人说：

"啊我的爱人，如果你和我和命运只能协力共谋，

控制世间万物的可悲格局，

那为何不将其砸成碎片，

放在距离内心愿望最近的地方？"

解梦的时候，我们有时会发现它们揭示了一些连我们自己都不知道的愿望。通过这种方式，梦可以帮助我们认识到隐藏的渴望，让显意识去决定这种渴望是否能实现——如果真能实现，是否应该做出一些实现愿望所需要的举动，或者是否最好还是就将其看作是一种幻想憧憬。即便是幻想，一旦暴露在阳光下，都能帮助我们更好地了解自己。比如，它们有时可以解释内心深处的不幸，而其原因已经困扰了我们很长时间。

因为我们的梦通常无法掌控，所以如愿以偿的喜悦有时会因为梦中不开心的事情而突然结束。就好像我们就要走上领奖台，但是颁奖仪式却意外中断；或者我们参加了某个有趣的聚会，却突然发现自己的服饰不合时宜。这种泄气的时刻是梦逻辑中一个重要的部分。比如，潜意识也许在告诉我们，我们的愿望毫无价值，完全无法现实，或者充满了潜在的危险。也许这就像是一种训练自己宠物的场景：你让宠物随心所欲地做一些事情，然后通过惩罚来证明成果。

三层梦境中所体验到的愿望实现的方式也许非常不同。第一层梦倾向于包含显意识所记住的、日间没有实现的愿望。第二层梦揭示了更加长久的愿望，也许是孩子时期对自由的渴望。最具野心的是第三层梦，其表达的是一种找到灵性自我和灵性归宿的愿望，以及实现永生的渴望。

想要将愿望实现和"梦想指针"区分开来并不容易，也毫无意义——象征性的情节大致上可以解决生活中的某个重要问题。指针通常会指向它所推荐的解决办法，就像 16 号梦工厂中克洛伊（Chloe）的例子，梦向她展示了让家人不再失望的重要性。克洛伊爬上梯子找到了解决办法，她发现实现愿望可以得到解脱和满足，但是实现愿望——弗洛伊德说得很清楚——也有助于向做梦人指明正确的方向，以缓解他们的不满足。

开发内在潜能

虽然梦并不会向我们展示怎样获取我们想要的东西，但是它们可以帮助我们开发内在潜能。在这个过程中，创造性观想可以帮助我们。例如，如果想要抑制身体上的疼痛，你可以观想自己每一次吸气时都会吸入疗愈性的白光，然后每一次呼气时都呼出自己的不舒服；或者你可以想象自己在一片漂亮的沙滩上无拘无束地奔跑，没有痛苦。如果要准备面试，你可以观想自己非常强大而且很有信心，巧妙而且从容地回答了所有问题。观想时要面面俱到，做到生动逼真，而且要定期观想。在睡觉之前将观想的画面保存在脑海中。一段时间之后，这种画面就会出现在你梦中，带来所有潜在的益处。

16 号梦工厂

做梦人

克洛伊（Chloe），21 岁，纽约一所法律学院的学生，正在为期末考试做准备。她的父母与她相隔几百英里，克洛伊认为他们更关心妹妹的学习和生活，她还在念高中。

梦

克洛伊穿着一件红白相间的夏装，却穿着冬靴，这让她觉得很热，而且很不舒服。她在纽约的中央公园。她周围都是一些穿着工装、戴着安全帽的工人，他们正在用卷尺进行测量。其中一个在测量两棵树之间的距离，另一个站在梯子上，测量叶子和树枝的长度。

她的父母走过来与她碰面——原本是打算来野餐的，但是他们忘了带吃的。"不用担心，我们会找到吃的。"他们说。克洛伊想要从树上摘一个看起来很可口的桃子，但是她够不着，爸爸让她别费力折腾了。"那不是你的,不能摘!"他一遍又一遍地喊着,越来越大声。最终,克洛伊无法忍受,于是捂上耳朵,爬上梯子躲避。

当她爬上梯子顶端时,工人们神秘地消失了。她非常高兴的是,树顶上摆满了各种各样的水果和蛋糕,因此她爬上一根树枝,坐下来尽情地吃起来,感觉非常满足,在那儿她还能看到整个公园的美景。

解 析

整个梦呈现给人一种困惑的感觉。克洛伊穿着夏装,意味着明快和愉悦,但是下面却穿着不协调的冬靴,热而且不舒服。这些衣物暗示着一种潜在的沉重感阻碍了她享受周围的美景。

公园中繁忙的工人代表着克洛伊并不十分放松,他们也许联系着她担忧即将来临的大学考试。但是,工人们都戴着安全帽,在此似乎不大必要,而丈量树、树枝和树叶是一种似乎毫无意义的工作。这些象征符号与法律的学习有关,暗示克洛伊对于诉讼过程感到很沮丧,而且过分注重细节。

但是,克洛伊不满意的重点在于她与父母之间的关系。一方面,她似乎觉得父母让她感到很失望。他们忘记了承诺的野餐——事物通常是情感和情感支持的象征。另一方面,他们约束了她的独立。当她想要给自己摘个桃子时,父亲表现得很生气。

　　梦的结局为克洛伊提供了一个解决办法。梯子象征着她逃离的方式。在树顶，她发现了美食和美景。现在她已离家并住得很远，便有机会更多地在情感上自力更生，并掌控一切。

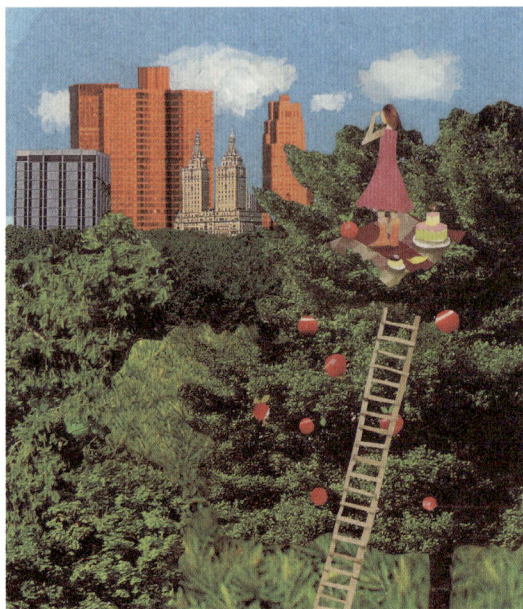

　　当梦有个喜人结局之时，有两种可能：让我们感觉到从根深蒂固的个人问题中得到解脱；还象征着有几种可行的办法可以解决我们在清醒世界中所遇到的问题。此外，这个梦想要告诉做梦人的是，她需要培养自己的独立性，并克服对缺少家人支持的失望。

梦的超现实主义

超现实主义是发生在 20 世纪 20 年代的一次影响深远的艺术运动。萨尔瓦多·达利（Salvador Dalí）、保罗·德尔沃（Paul Delvaux）、勒内·玛格丽特（René Magritte）、乔治·德·基里科（Giorgio de Chirico）等人的画作以及曼·雷（Man Ray）的照片，有着奇怪的并置特色，挑战着我们对于艺术和现实的观念。人们穿着套装，戴着圆顶高帽飘浮在空中；机器和其他坚硬的物件就像培根片一样耷拉在桌子边上；光和影讽刺着物理法则；天平的怪异扭曲暗示着平行宇宙的存在，而世俗的科学已经不再盛行。你也许会想，真像梦中世界啊！

这些超现实主义的思想与几世纪之前的先人谢罗尼莫·博斯（Hieronymus Bosch）和弗朗西斯科·戈雅（Francisco Goya），以及后来的奥迪隆·雷东（Odilon Redon）的思想相仿，他们都证明了超现实主义是意念的一种大众趋向——也许不是所有意念，但是意念将会质疑它们与内外在现象的关系。法国艺术家安德烈·布勒东（André Breton）始创超现实主义，为的是再现"真正的思想过程"。

当然，超现实主义已经进入了我们的显意识和潜意识，也许已经对我们的思考方式产生了深远的影响。倘若如此，这似乎已经成为一种双向过程，几乎可以肯定，超现实主义艺术的感受性与我们深层次的想象力之间产生了共鸣。

梦调和了其自身相关性和不相关性，一种全方位的精神蜿蜒，此处，在混乱的叙事和意象中，记忆、愿望和焦虑都获得了可触知的形式。当超现实主义出现在梦中时，它会在不合理的方向上将我们带离很远——我们有时甚至会进入一种完全混乱的状态。

超现实主义画面都很生动，通常会让你印象深刻——最有可能的是因为梦境潜意识对清醒意识产生了强烈的影响。因此，潜意识使用难忘、超现实主义的意象是因为它有紧急信息需要透露？也许有时是这样的。但是并没有必要对超现实梦境过度地担心：它只不过是潜意识用来向做梦人传递某个特别信息或者系列信息的工具之一。

情绪线索

噩梦？
惊叹？
富于创造性？
疑惑？
兴奋？

超现实梦境提醒我们想象力是固有的创造源，通常会让我们这些创造者或者接受者向往生动的艺术体验。这些是我们最有可能写下来并向别人讲述的梦。荣格称，我们一天24小时都在做梦，只不过这样的梦世界被我们清醒的显意识过滤掉了。在缺睡实验中，以及在某种诸如轻微癫痫的身体条件下，人们都会出现半梦半醒的状态，似乎通过冥想（平静显意识）之类的练习，我们都可以训练自己体验到这种状态。我们之前已经讲过，最著名的超现实主义家达利可以自由地让自己的意识处于半梦半醒的入睡状态，这样，他就可以将自己在半睡半醒状态中所获取的影像应用到画作中。结果就会拥有一种近似于魔法的能力，在我们的显意识里安装一个微妙的变速装置。和梦里一样，达利会将自己画作中的每一个影像一次性代表几种物体，以提醒我们：我们经历的每一个方面都有着很多种不同的意思。贝壳也可以是眼睛，水果碗也可以是女孩子的鼻子和额头。物体之间可以相互转换，或者以一种没有典型特征的样子出现。不再有任何规则可循，就仿佛梦境意识直接投射到了画布上。

和梦一样，超现实主义告诉我们，事情并不总是像看上去的那样：现实是流动的，而不是静止的。超现实主义艺术作品对我们很有"意义"，因为我们能从梦中认出它们——我们到过那里。这些作品和我们的梦一样，表达了同样的潜在愿望：清醒世界会误导我们去相信一部分的现实观念。

17号梦工厂

做梦人

　　珍妮（Jenny），35岁，护士，为了成为一名助产士，刚接受了一项培训课程。她离婚了，没有孩子，正在寻找爱情。她想要重建一个家庭，却担心自己的生理机能逐渐衰老。

梦

　　在一片沙漠之中，有小袋鼠在四处跳动。珍妮感觉很孤独，也很害怕袋鼠。突然，珍妮听见有人在大声说"老鼠"，她吓了一大跳，却看不见人影。一棵树从沙子里冒了出来，然后开始长叶子。但是叶子全都变成了书，书上满满的都是代数公式和外语，看起来像是阿拉伯语和希伯来语。一只小袋鼠跳到珍妮跟前，用英语问她是否有三明治可以跟它分享。珍妮回答"没有"，但是袋鼠没有听懂。然后珍妮便从树上摘下一本书，第一页的内容告诉她检查一下口袋里有什么。她找到了一个她已完全忘记了的三明治，并递给了袋鼠。珍妮觉得不怎么孤单了。她看了看被微风吹拂得正在翻动的书页，心里想：真漂亮啊。

解　析

梦似乎准确地反映了珍妮目前的状况。沙漠风景显然象征着她情感上的孤独和不悦。35 岁的她担心随着年岁的增长，自己为人母的可能性会越来越低。

袋鼠是一种很有意思的象征符号，代表着母亲身份——即便新生儿离开了子宫，袋鼠也会将它放在身上。珍妮发现这有助于她审视由小袋鼠引发的恐惧。这种情感是来源于她对自己不能再要孩子的焦虑，还是有其他问题困扰着她？

"老鼠"这个词需要好好想想。这也许与她的气愤情感有关，对自己也是对前夫，结婚又离婚，却没有孩子。但是还可能与其他问题有关。也许找找这个词本身的关联可以帮助她找到其含义；"老鼠"代表的情感同样适用于喊出这个词却不露面的那个人。

让人较为宽慰的是，树是繁育力的象征，也是内心的发展和演变的象征。在这个梦中，叶子变成书象征着珍妮的助产士学习。即便书是用她根本不懂的外文写就的，但她还是成功地看懂了第一页，暗示着她所知道的比她自以为的要多。

这个梦的结局非常明确。漂亮的书页在风中翻动，这暗示着她将会在学习中找到满足感，或者暗示着在她生命的这一章将会出现新的恋爱关系。口袋象征着她的子宫。喂袋鼠让她感觉不再那么孤单：她找到的三明治也许暗示了她已经接触到隐藏的情感滋养源，所以，有孩子的概率要比她到目前为止所了解的大。

最愉快的梦通常怪诞且不拘一格。这样的梦意象丰富，充满了联想而非清晰的叙事：做梦人担心无法生育，小袋鼠的疑惑反映了她的担心。

逻辑失调的梦

培养回忆梦境和解梦的能力，可以帮助我们探索和理解我们内部意识的变化过程。如果没有此类的练习，那潜意识的运作方式对我们来说就永远是个谜。

其中一种富于启发的练习方式便是观想。观想可以训练我们去观察，以及在某种程度上控制我们意念的运行。通过把注意力集中在某种简单的事物上，比如呼吸，观想者可以避免被掌管觉察力的思维流干扰。随着观想技能的提升，观想者便可以不含个人偏见地将注意力放置在思维之上，仿佛思维是某种客观物体而非主观现象。这有助于观想者探索思维以及与思维相关的情感的本质和运行方式。

当能够获得一种类似于超然的警戒状态时，解梦是最有效的。这可以帮助我们分析在做梦时，我们的意识发生了什么。比如，我们可以自问：当这件或者那件事发生的时候，我是怎么想的？我有什么感觉？为什么我会这样做？如果我们在梦中获知了意识的运作方式，当潜意识处于掌控之中，我们便可以开始理解潜意识是如何影响我们在清醒世界的思想和行为的。因为即便是清醒时刻，控制我们日常生活行为的也不是我们的显意识。

用这种方法来影响梦境，也可以让我们更好地鉴别梦逻辑和清醒逻辑之间的区别。在清醒世界中，我们知道万事都有因果：如果我们拉上窗帘，房间就会变暗。但是在梦中，结果常常由观察不到的原因引起——光线没来由地突然就变暗了。在梦中，我们常会发现自己处于一种境况中，却不知道它是怎么发生的，为什么会发生。

荣格在他的研究中留意到了一种被我们称为同步性的现象——在清醒世界和梦境中，我们的意识会通过意义将事物联系在一起，而非因果。比如，我们会突然冒出一个想法，某个朋友陷入了困境，下一秒，她就会打电话跟我说这事儿。这两者之间并没有因果关系，但是它们的联系却很密切。在观察梦境的时候投入越多的注意力，我们就越能看到其中牵涉较多的是同步性，而非因果关系。在梦中觉察到越多同步性，我们就会在清醒世界中发现越多的同步性。对于某些人来说，这种在梦中获取的强烈敏感度会增加他们的同步性体验。

适应梦中的奇怪逻辑也能让我们识别出梦中的一些怪异多变的情况。比如，我们会发现，虽然梦并不会受到清醒世界规则的限制，但有些事情在梦中仍然是不可能的。我们也许竭尽全力也不会穿墙术，不会水上漂。我们在梦中甚至会失去某些真实生活中的能力——某种智力技能（比如简单的算术），或者味觉和触觉，或者唱歌和吹口哨。

在解析的时候要将自己和梦分离开来，就像冥想者会把自己从思想和情感中分离出来一样，这可以为抓住此类谜之核心打下良好的基础。不可避免地，对梦境进行审查的原因因人而异，而且也许承载着重要的信息。比如不能穿墙而过也许象征着我们在自己不知情的情况下为自己设置的障碍。不能在水上行走也许与害怕自我暴露有关。超然客观给予了我们完全集中注意力的能力，能够帮助我们警觉梦中所有的细节和情绪，看清楚这些事情是怎样与影响我们生活的事件扯上关系的。只有这样，我们才能找到正确的关联，得到一个可靠的解析。

很多人都将自己紧紧包裹在不真实的自我印象之中，甚至不能正视自己遇到的问题，更别说去解决它们了。研究自己的梦有助于从自欺上升到自我认知。但是，想要对自己有个全新的了解，这一步也非常重要。对于那些不愿意敞开心扉进行自我审视的人，最好的鼓励方式是建议他们去想想洞悉自我所带来的满足感，而非对自己一无所知。这就像是自来水和山泉水之间的区别：喝自来水确实是一种令人愉快的解渴方式，但这是因为你还没有品尝过山泉水的纯净。

坠入梦循环

循环梦境是指同样的梦中情节一次又一次地出现，这是我们最有趣的梦境体验之一。同样的还有梦境主题的不断重现，但细节会有所不同。我自己也有过同样的经历，关于火车的，虽然在清醒世界中我对火车并不是特别感兴趣。在梦中，车厢有时很满，我找不到座位，有时又是空荡荡的。有时内饰很丰富，红色和金色装饰得很好，而有时却朴素简陋。有时我在赶火车或者下火车，四周的场景我在小时候见过，而有时却很陌生。虽然背景环境有所不同，但所有这些梦的主题都是旅行，而旅行表示生活中的进步。

循环梦境相对简短而且不复杂，但是它们可以为解梦提供一些最具价值的材料。比较典型的例子有：梦见在一条黑暗的街上被一群狗追，梦见一群马在牧场上疾驰，或者梦见与一个遮住脸的陌生人讲话。循环梦境通常充满着强烈的情感。焦虑或恐惧比较常见，但有时也会有积极的情感出现，让你连续几天都能感受到宽慰。一些人会因为梦不断地重复而感到沮丧。也许是隔几个星期，几个月，甚至几年，但是你总是能一眼就认出，我曾做过这个梦。

在解析循环梦境（直接关联效果很好，见第 59 页）时，重要的是要一直坚持，直到你对一个观点产生强烈的共鸣，并能依此找到一个可能的解释。如果梦在此之后不再重复出现，那你的解析也许就是正确的，但是如果还会出现，那就需要再努力一点。但是，因为循环梦境总能产生正面的情绪反应——通常都是第三层梦，所以便不必进行过多的细节解析。梦的目的是承载一些神秘的真理，而这些真理只可意会。

在某些情况下，做梦人肯定会在梦见起床和下楼梯的时候醒来，这样多次"错误地醒来"非同寻常。这样的梦似乎证明了做梦和清醒之间的区别并没有我们所想的那么清晰。

孩子气的梦

即使是在清醒世界，情感也不会按逻辑行事。这样的说法很正常，比如："我不知道我为什么会有那种感觉"或者"我刚才有些情不自禁"。情感似乎常常控制着我们，而不是我们控制情感。但是，虽然它们的力量或者它们的特征会让我们大吃一惊，但是我们通常能够明白是什么引发的这些情感。在简单的情况下，将原因和结果联系在一起很简单：我们听到好消息，便会为之振奋；我们走在乡村小径，就会非常放松；我们看到悲剧电影，便会为之伤心流泪。

在梦中，有时看不到这种因果之间的明显关联。有时，我们也许会发现自己对于暴力无动于衷，却会为一阵小雨而感到悲伤；我们会为了在尘封的书架上找到一本老书而欢呼雀跃，但手握一整箱的钞票却漠不关心。

梦中情感也会像清醒时一样强烈，这种强烈程度会在我们醒后一直伴随着我们，我们也许会为之兴奋不已，也会为之阴郁愁闷。这些情感常常会比清醒时的感情要孩子气很多。小时候，我们的情感会受到狭窄的理解能力的限制：我们会为了弄坏的玩具悲伤，而秘鲁刚发生了地震，我们却无动于衷。成年人的第一层梦和第二层梦中都会重温这样孩子般的天真。我们会以童年时应对问题的方式来应对这些事情。

不管怎样，通过关注梦中的情感，我们可以了解是什么在激发或者困扰我们。这些情感的"逻辑"是指，它们都是孩子本能——甚至自私——的反映，不会受到习俗和环境的影响。

将这种情感与我们日常生活中的感觉相比较，我们会以某些特定的方式来对事情做出反应。我们常常会受到他人情感的影响：如果我们身边的每个人都在哭，我们也会想要哭。这种倾向似乎是天生的，因为，即便是很小的孩子，看到别人哭，他们也会哭。人是群居动物，我们在清醒世界中的情感在某种程度上是群体反应。

但是，无论我们在清醒世界中的情感多么具有群体性，在梦中，我们都是独自一人，因此我们的情感会不由自主地出现。这有助于我们将注意力转向那些影响我们情感的事情。通常都是一些私密物的消失——梳子不见了，发现朋友偷占了你在火车上的位置，以及因为鞋子最干净而受到表扬。这样的小事就能支撑起所有深埋于心的情感。尤其常见的是，很多的情感都与受到伤害或者感觉沮丧、羡慕、憎恨、忌妒的情感有关。我们知道，在清醒世界中，这样的情感会贬低我们，而且我们时常会意识不到它们的存在。因此，梦可以揭露我们更易受到尴尬情感的驱使，而非受到想要体验自信、团结一致、激情这样的共同价值观的驱使。在梦中，我们不会受到他人情感的影响，而是会发现自己的脆弱——我们能够用想象力和坦诚去解读梦中的象征符号和情绪。

因此，梦中情感的作用之一便是通过解析来发现自我。但是还有一种更受大众喜欢的作用——梦中情感要比清醒世界中的情感更易掌控。因此，除了发现自我，我们还可以将做梦作为一种心灵补品。

我们对梦境研究得愈多，它们就更能回应我们的愿望。因此，我们可以采用一个简单的策略，在睡觉之前告诉自己，我们会做个好梦，早上醒来的时候也会精神焕发，这样可以对我们的梦境内容产生一种良好的影响。我们可以在梦中体验到满足、愉悦和自我实现——偶尔也会深入到第三层梦。这反过来也会对潜意识造成一种微妙的影响。梦是我们的朋友，如果我们的梦中生活支离破碎而且压力重重，那也许是因为我们没能从这段友谊中获得益处。

18 号梦工厂

做梦人

简（Jane），44 岁，成功金融家，最近在练习瑜伽和冥想静修，刚开始参加佛教研习课程。她还决定要将一部分工资捐给儿童贫困救济慈善机构。

梦

简站在悬崖顶端，向下望着一座位于一块小岩石上的红白条纹的灯塔。这是白天，但是灯塔仍然规律地闪着光。海上风浪很大，海上的一艘渔船似乎快要被吹翻了。悬崖顶上却是风平浪静，一丝风都没有。简注意到渔夫们都撑起了伞，而一些渔船竟然用伞做帆。她伸出手，想要探探是否下雨了。没有，她在想为什么。一只小鸟落在她伸出的手上，然后便像一只机械鸟一样开始旋转，同时唱着："今天，今天，就是今天。"然后简又站在一座白色寺庙前方。她感觉自己的姑婆（8 年前就去世了）在里面等着她。

解　析

简的新兴趣在这个梦中出现了很多次。简在悬崖顶上感受到的平静也许证明了她在冥想中找到的那种平和。冥想者身处混乱的思维之海的上方，正是这种思维塑造了显意识的特征，容忍着另一个层面的存在。大风大浪的海面也许代表着日常生活中所遇到的危险和挑战。

灯塔的灯光与佛教有关，它强调了生命结束时所出现的"亮光"。这种光在死后便能看到，并会为死者提供体验智慧的机会，并逃避未来的重生和死亡。

简也许还注意到了在佛教中，红色象征着生命，而白色代表救赎和转变。鸟是佛陀的象征符号之一，而伞代表着保护和灵魂超脱。这一系列的佛教符号也许只是暗示着简的意念在重温最近学到的东西。但是，简也会合理地将其看作是对她和她所选道路的支持。

白色的寺庙强调了灵性含义，虽然寺庙并不是专指佛教。简通过进一步的灵性探索也许会找到自己所寻找的答案。她期望自己的姑婆在寺庙中等她，这种期望带着一种魅惑的神秘。过世的姑婆也许象征着来生对这些信徒的欢迎。或者，如果简与姑婆的关系特别，那也许是某种如愿以偿的因素在起作用？

小鸟唱的"今天"很重要：佛教和冥想都强调活在当下的重

要性，而不是沉溺于过去的回忆，或者担心未来。这是不是在说，虽然灵性很重要，但是简也不应该忘记享受尘世的欢愉？

　　当死去的亲人（爱人）出现在梦里，却没有再度引发你的悲伤，这也许是标志着你已经开始接受他们的离去，并感谢他们曾在你的生命中出现过。小鸟所提出的活在当下，意味着过去纵然十分珍贵，但不应沉浸其中不能自拔。

触摸梦中的自己

卡尔文·霍尔博士（Dr. Calvin Hall）是性格理论方面的梦境研究员和专家，他将我们对内部和外部现实的认知分为了五个层面。概括说来是这样的：

· 我们看待自己的方式（自我概念）。

· 我们看待他人的方式（对他人的概念）。

· 我们看待这个世界的方式（我们的价值观，对周围物理环境的概念）。

· 我们看待自己的动机和冲动的方式，以及我们认识动机、控制冲动的方法。

· 我们定义自身内部矛盾和解决这些矛盾的方式。

霍尔博士将最后一条进行了细分：在争取独立期间以及区分父母感受和自我感受的过程中（安全与自由之间的对抗）与父母产生的矛盾；性别矛盾；自我冲动与社会强加的束缚之间的矛盾。霍尔总结说，梦反映了潜意识和显意识想要理解这些不同的矛盾和努力的方式，以及解决这些矛盾的方式。

其他的研究显示，要总结梦的目的并不这么简单。梦并不是简单地想要勾勒出一套道德观和价值观——正如它们拒绝接受弗洛伊德将它们定义为源自情欲本性和压抑的愿望满足。霍尔的研究有效地将注意力放置在内部矛盾对我们的梦所产生的影响之上，以及梦的背后所隐藏的多层含义之上。

例如，你梦见自己想要整理房间，但在你认为已经完工的时候，却发现还是一团糟。最后你放弃了努力，任由其脏乱。刚开始你也许可以解释为：你在年轻的时候想要取悦自己的父母，或者也许后来的生活中你也是这么做的，但是更喜欢按照自己的方式行事，而你的梦便揭示了这样一个矛盾。但是如果你再度审视这个梦，它也许暗示了对自我概念的疑惑。你是真的很孝顺还是叛逆？你是喜欢安全还是喜欢自由？答案并不明显。再三思量这个梦，它也许暗示了一种对常规的打破，因此反映了冲动与控制之间的矛盾，或者放纵情欲和约束情欲之间的矛盾。从不同的角度来看，它也许暗示了一种创造性和毁灭性之间的紧张局势——最终便成为生与死之间的较量。

这些解析中的任何一个也许都符合，但是我们还能从中看出一种联系：梦其实是日常生活中的压力和欲望之间所产生的矛盾，从中可以看出真实的我们。

此类梦主要属于第二层梦，但是，就如我们在第一章中所讨论的那样，梦有时也会结合三个层面，开始于第一层，经过第二层，结束于第三层。这证明了各个潜意识层面上相互联系的本质。

从整体上观察梦境，梦就像是瞬息万变的镜子，它们能够展现自我的很多方面。

研究梦可以促进潜意识与显意识之间的交流，帮助我们记住当下的梦，也有助于回想起很久以前的梦。白天，通过那些看似与之有所联系的事件，或者那些梦中预见过的眼前事件，我们也许会不由自主地想起我们的梦。我们还能达到这样一个水准：意识能够更加自由地在内心的梦境日记中徜徉。我们可以从中找到很多很有意义的发现，其中之一便是潜意识储存着已经被遗忘了很久的梦——这也许反映了它们对于我们的心理、情感和精神生活的重要性。毫无疑问，这些都是我们梦境的真实记忆：梦境记忆有着一种无与伦比的特征，它们的起源深埋于我们的灵魂之中，我们警觉的显意识已经意识到了这点。我们远比想象中了解自己。

19 号梦工厂

做梦人

特丽莎（Teresa），47 岁，自由作家，她靠为女性杂志写文章谋生活。她是单亲妈妈，两个小孩，因为经济和家庭的压力感到很沮丧，她内心有一个愿望：自己能抽出更多的时间来写小说。

梦

特丽莎发现自己在一间空荡荡的红房间里，木质地板——这是一间饭厅。房间里有一张木头餐桌，几张椅子，好像已经很多年没人坐过了。桌子上方挂有一面白色的钟，花朵形状。老朋友斯蒂芬妮（Stephanie）走进来，特丽莎把钟从墙上取下来给她看。斯蒂芬妮很喜欢这面钟，但她很忙，因为她必须要赶往另一个地方。特丽莎很失望。然后她看见整个房间从红色变成了深蓝色。突然，她看到一架银色的梯子，她跃跃欲试，但又担心会摔下来。当接近梯子顶端时，她确实摔下来了，但是让她吃惊的是，自己像个球一样从地板上弹了起来，弹上天花板，然后又掉下来——上下来回很多次。她就这样慢慢地蹦跶着，感觉很兴奋。

解　析

饭厅象征着做梦人的社交生活和分享之意，但是这个房间是空荡荡的，也许暗示着特丽莎的孤独。久无人坐的椅子也许也代表着她想要创作的小说仍然未开始。

红色可以代表能量和活泼的性格。虽然木头能够代表正直和可靠性，但它也能代表束缚——呆板的生活方式。所有这一切都强化了我们对特丽莎的这样一种印象：她渴望一种更加满意的感情生活，但现在却令人十分沮丧。也许她想要接触更多的读者，同样也想扩大自己的朋友圈。

花朵形状的钟与特丽莎的写作天赋有关。但是时间一直都在流逝，创作之花却还未开放。斯特芬妮的表现暗示了这一点，在特丽莎看来，她的朋友并没有给予她需要的鼓励。

梦变化得很突然，也许暗示着这其实是合二为一的两个梦。墙面变成深蓝色——也许是令人失望的"蓝色"。银色是月亮、魔法和灵感的象征，而特丽莎尽管害怕但还是爬上梯子，暗示着她应该在自己的创作生涯中冒更多的险：她摔了下来，但是又弹了回去。

梦似乎是在告诉特丽莎，如果成功没有及时到来，也不要泄气。也许快乐的上下弹动是一种无拘无束的创作形式：她也许可以通过不太严肃，而不是太过郑重其事的方式来使用自己的天赋，以找到满足感。就眼前来说，这也许并不能带来友谊：作家大都是孤独的。但是以后的事情谁知道呢？弹动也许也是在鼓励她，在孩子小时候要多与他们一起玩耍——虽然没想到的是，她的孩子并没有出现在梦中。

梦可以通过多个层面，同时反映很多不同的不满。在此，做梦人既觉得孤独（她是个单亲妈妈，社交机会很少），也对自己的创作觉得沮丧。这个梦暗示着冒险也许能带来更多触手可及的满足感。

第五章

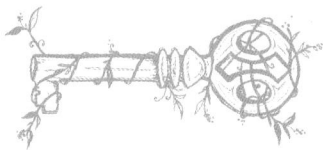

倾听梦之声

　　人们有时会抱怨他们总会梦见一些无足轻重的事情，而不是他们真正感兴趣的话题。但是，随着开始慢慢理解梦的语言，你将会明白，实际上它们确实与我们生活中所关注的焦点有关——时间、道德、发现、爱、失去，以及各种恐惧、担忧和欲望。解梦可以从一些关键性的主题中获得启发性的见解。

现实跨入梦境

多亏了像卡尔文·霍尔博士和罗伯特·凡·德·卡斯特（Robert Van de Castle）一类的梦境研究员的研究，我们才能了解到有关发生在我们梦中最常见的一些象征符号的丰富信息。伟大的解梦大师们也给予了我们一些有关象征符号意义的发人深省的观点。当我们谈及梦之主题时，我们所说的不仅是梦中的场景，还有其隐藏的意义。

比如，梦中的常见主题包括交流——也许是因为你在向他人表达自己时遇到了障碍，也许是因为你的同伴不善于表达。前者也许是因为自尊心不够，阻碍着人们开门见山地谈论自己。而后者也许是因为情感关系。只有表述力与对方的反应都处于良好水平，双方才能很好地交流，因此交流失败有很多原因。

我们从其他的研究中可以了解到一个观点：意识，尤其是年轻人的意识往往会求助于情欲本质。那么，为什么这种主题没有被归入霍尔的常见梦境主题的名单中？要回答这个问题，我们需要记住，霍尔的分类是基于表面内容的，如果性梦中出现的不是接吻或者性交，而是一列象征男性生殖器的火车驶入一条黑暗的隧道，那它应该会被霍尔归入"交通运输"的种类之中，而非性。

　　显然，性梦确实会发生，但是并不像我们所想的那样。经过伪装的性梦似乎加强了西格蒙德·弗洛伊德的观点，情欲冲动总是会通过象征符号来表现，也许是为了避免自己粗暴的天性会将显意识从睡梦中唤醒。另一种可能性是弗洛伊德的观点并不正确，除了那些极端压抑的例子，潜意识根本不需要梦见性，因为显意识在醒着的时候也能随心所欲地进行性幻想。很有意思的是，在青春期——此时强烈的性欲正在苏醒——潜意识很少会掩盖梦的真实含义，甚至也不会对公开的性欲进行伪装，也许是因为天性测试性欲是否在有效地运转。

　　第二层梦很多是关于真正的自我和我们想要成为什么样的人——因此自我形象的主题最为重要。有意思的是，梦有时会充满了怀旧的渴望或者惆怅的幻象，较之于表面的第一层梦，这一层面的梦揭示了更多有关我们身份的丰富性和复杂性。解梦可以让我们远离表面的象征内容，在某种程度上，我们会发现自己是在处理内心的焦虑和欲望，而这些焦虑和欲望只能与梦本身勉强扯上关系。但是，这一点无关紧要：解梦就是探索牵强的关联——尤其是象征符号和内心自我之间的关联，这种关联可以推动自我认知的提升。

　　第三层梦与更重要的主题有关。它们通常有着看似灵性的本质，似乎会揭示那些在做梦时会变得非常清晰的深层次的秘密和启示，但是醒来之后显意识却记不得这些内容。这些梦的通用语言就是原型角色和象征符号，漂亮的风景、遥远的地平线，以及平和丰富的前景。隐藏的主题通常不可言喻而且难以捉摸，因为它们是在一个超越了我们平常理解力的平台上运转的。它们对于语言有抵抗力——有时甚至诗歌也无法表述。虽然这些第三层梦有着温和且充满爱意的品性，但他们有时也会具有挑战性，甚至令人不安。我们也许会感觉自己在某种程度上受到了质疑或者评判，仿佛生活这本书已经打开，揭示了我们的失败和短处。我们也许会觉得自己站在一个严厉但公正的监护人或者父母跟前，他们关心我们，却希望我们勇敢地面对真正的自己。第三层梦可以改变生活，让我们觉得自己接触到了更深层次的自我——甚至在某种程度上，与灵性的距离越来越近。

我们可以经常训练自己去梦见某个特定的主题。其中一种方法是，在白天的时候告诉自己晚上想要梦见的主题，然后带着这个主题慢慢进入梦乡。这个主题可以是普通的事件，也可以是某个特定的人。你可以试试在睡前看看这个人或者在某种程度上代表着你所选主题的那个人的照片。然后你也许就会梦见他们，但是梦境的具体呈现方式通常并不是你认为的那个样子。

20 号梦工厂

做梦人

露西（Lucy），55 岁，在做了 15 年的行政秘书之后刚被裁员了。多年以来，她一直不喜欢自己的工作，但是她还想要找同一领域的工作。工作还没有找到，她开始担心钱的问题了。

梦

此时为仲夏，但是露西正关着窗帘在家里忙着清理屋子——她觉得明亮的阳光会让她分心。还有别人在帮忙——一个名为萨利（Sally）的女孩，是她之前的同事，还有安德森先生（Mr. Anderson），他在露西 14 岁的时候帮她在花店找了一份工作（在现实中，她与这两个人很多年没有联系了）。信件、账单和其他文件从办公室跑了出来，在屋子里飞得到处都是，他们的主要任务就是用石头压住它们，将它们固定住。露西从天花板上扫走了很多的蜘蛛网。当她处理最后一个蜘蛛网时，她看到蜘蛛网上一只可爱的小蜘蛛落到了她手上，于是她跑到外面，将它放在花园里自己精心培育的一朵红花上。

她在外面感觉非常放松，因此深吸了一口气，然后弯下腰去拥抱了一下自己种的白色郁金香。它们变成了粉色，被她拔了起来。她站起身来，怀里还抱着郁金香，然后看见土壤里又新长出了一片花朵。此时文件开始从前门飞出来，有些文件上还挂着蜘蛛网，但是露西不再对它们感到不安。她很开心：她的花给她带来了满心的愉悦之情。

解　析

清理房屋暗示着露西想要改变，虽然阻断光源也许也暗示着她害怕冒风险。以前的朋友前来帮忙，暗示她在试图改变生活时会召唤以前的经历。她回想起的不仅有花店的帮助，还有她在那些日子里曾有过的志向。

满屋子的文件似乎明显象征着她对以往事业的不满意，也象征着钞票。用石头压住它们也许表明露西想要"埋葬"这一部分的人生和这段经历引发的焦虑。

蜘蛛网强调了露西觉得自己被自己的工作所"束缚"。但是，在将自己从蜘蛛网中释放出来时，她还释放了那只可爱的蜘蛛，让它跑向了屋外。这是否暗示着过去也曾发生过一些好事情？露西应该仔细考虑过去的经历会以怎样丰富的方式指引她选择新的事业。

　　花在这个梦中非常重要，代表着创造力和新生活。当露西拥抱自己的郁金香时，它们就突然被注入了生命力，变成了粉色。她将它们拔起来，但是原来的地方又开出了更多的花——很具隐喻意义，也许她不需要害怕将自己连根拔起？最后，文件和蜘蛛网都飞出了屋子——它们不再与露西的生活相关。她是否能永远抛弃冗长乏味的行政工作，开始一个创造性的新生活？

　　老朋友出现在梦中也许是暗示着以前的生活。在这样的梦中，你还可以问自己从过去的生活中学到了什么，现在是否仍然能从中受益。你是否忽略了其隐含的经验教训？此处，对于50多岁的做梦人来讲，老朋友暗示着一种早该完成的重新评估。

忐忑不安的梦

生理测定已经表明，所有的高等动物都能感觉到恐惧和焦虑：求生天性会推动我们做出"抗争或者逃跑"的反应。但是好像只有人类才能感受到自己想象出来的焦虑。我们经常担心个人生活和职业生活中出现问题。我们对必死命运的了解是一种潜在的恐惧源，我们不仅会因为预见自己的死亡而感到恐惧，而且一想到我们和我们所爱之人的周围存在的危险，也会触发我们的恐惧。但是，当我们梦见死亡并因此感到不安时，这通常反映了我们清醒世界中其他类型的改变，也许是离职，也许是结束一段感情。

……我握着方向盘，却找不到刹车……

因此，这就很好理解为什么很多人都曾做过充满焦虑的梦。工作最常引发担忧，因为在工作中，我们的行为受制于很多外在因素：我们也许需要为一大笔钱负责，为很多人的健康和安全负责。例如，工作中的焦虑会引发梦中对坠落的恐惧，这可以解释为担心我们的地位没有安全的基础。人也许会通过加班或者假装漠不关心来隐藏他们的恐惧，但是潜意识不会上当受骗。梦能够对我们自己的工作表现进行评估，

……想要逃离却挪不动脚……

此外，它会在工作压力开始失控的时候，向我们指出处理生活与工作之间平衡的必要。

在我们坠入爱河或者有了孩子以后，我们便创造了命运的抵押品。我们不再为自己担心，而是为那些我们所珍惜的人担心。我们也许会梦见自己努力地想要拯救快要被淹死或者绑架的所爱之人——真实生活中有关绑架的新闻报道给予了我们潜意识丰富的素材。新晋父母常会梦见自己在睡觉的时候压在了婴儿身上。父母的担心（因为对自己带孩子的技巧缺乏信心，或者对各种想象中的疏于照看感到惭愧）在梦中出现得最多的是对孩子安全的担心。

过去的恐惧也会让我们在梦中很是焦虑，这反映出与自尊有关的潜在问题仍然存在。典型的例子就是梦见自己没有为考试做好准备。仿佛潜意识想从我们深藏于心的往事中寻找我们能够明白的相似感受。

> ……我的牙开始脱落，一颗接着一颗地碎成粉末，满嘴都是……

焦虑的梦境也能反映受到创伤后的压力。身体想要通过倾诉来驱散这种仍然存在的紧张不安，就像讲述一次糟糕的经历能够让人放松一样。

21 号梦工厂

做梦人

凯利（Kerry），34 岁，翻译，已从波士顿搬到巴黎居住了 10 年。她的妈妈和家人，包括她的祖母都还住在波士顿，因此她并不能与他们想见就见。但是，当她回去看望他们后回到巴黎时总会觉得心力交瘁，尽管她很喜欢这里的生活。

梦

凯利在一个剧院。舞台上有一名苗条的女舞蹈演员，穿着亮粉色的裙子。聚光灯打在她身上，凯利从一间小包间里看着舞台，祖母在她身边。此处视野很好，凯利觉得能够争取到这样的位置非常幸运。但是，尽管在剧院里，她仍然感觉到随时都有雨落在她们身上，她不希望祖母感冒。

一个穿着水手服的年轻人也在包间里。她不知道他是谁，奇怪他为什么会在这儿。年轻人俯过身来满怀柔情地悄声说道："下一个是你。"凯利不确定他什么意思，但她开始惊慌，因为她一点都不懂跳舞，因此也不能在这么多人面前表演。她的祖母感觉到了她的担心，抚摸着她的头发，说即使下雨也没什么大不了的。

解　析

理解这个梦的关键是其背景环境。众所周知，剧院就是生活的象征，而凯利很喜欢她们的位置和"好视野"，这暗示着她对于事物有着正常的兴趣。她喜欢观察他人的成功，在这个梦中就是那个舞蹈演员——某个在舞台上自由移动的人。

但是，凯利对于表演者的角色没有多大把握。当她即将成为下一个表演者时，她有些惊慌失措。她不想出现在聚光灯下，即他人的关注下。她意识到自己并没有这种技能，跳舞也不是她的强项。也许这有助于她找到自己缺乏自信的原因。

水手非常有意思。年轻的水手通常是探险的象征，所以这似乎暗示凯利确实拥有更为勇敢的一面。他"满怀柔情地"暗示对她的期望。也许如果鼓起勇气上台表演，她将会获得成功。

即便凯利和祖母处于有保护层的剧院内，她也能感觉到令她害怕的雨，这暗示着一种不安的感觉——在享受生活中的舒适安逸之时，她仍然担心自己会遭受厄运。

凯利的祖母可以象征凯利自身失败的一面和易受攻击的自我。担心祖母不幸患上感冒，这也许代表情感上的感冒——失恋。但是，即便是这个比较脆弱的自我也会给出安慰，抚摸她的头发——一个我们用来安抚孩子的动作——并告诉她即使下雨也没什么大不了的，她将会处理好这一切。梦也许在传递这样一个信息：尽管凯利有脆弱的一面，但她仍然很坚韧，能够承受得了压力。

梦中的其他人物常代表着做梦人的其他（也许是相反的）方面——就像此处的祖母和水手。即便梦中人物——比如祖母——是做梦人所认识的也不例外。但同时，她还保留了祖母这个角色——某个做梦人爱着的而且想要去保护的人。

不存在的梦中人

关系有着深度滋养的潜力——即使有时关系之中常会有着破坏性成分。通过进一步了解我们的关系，我们可以消除消极的一面，突出积极的一面。梦的魔力可以帮助我们做到这点。

从受精的那一刻起，我们就生活在他人的陪伴中。早期与父母和老师的关系为我们提供了大部分的教育；甚至在后来的年岁里，我们的意识状态都会反映出他们及其他人在我们儿时对我们的态度。至关重要的是，我们的自我认知在很大程度上都是形成于他人对我们的描述，他们对我们的重视程度，以及他们让我们拥有的情感自主权的权力大小。

于是关系便顺其自然地在我们梦中扮演着重要角色。与之矛盾的是，我们常会发现自己所梦见的人一半认识一半不认识，或者说全是陌生人。有时我们所遇见的是我们的想象力所虚构出来的角色。但是需要声明的是：虽然梦中会出现一些与我们关系特别疏远的人，但实际上是想要告诉我们一些富于启示意义的信息，这些信息与我们最为珍视的关系有关。

如果我们对自己的至交没有压抑的情感，而且在清醒世界中能够与之随意畅谈，那我们便是非常幸运的。然而，假设我们很多人都是处于这种状态是很不明智的。即便最幸福的关系也会存在问题，当事人往往不会承认他们之间的问题，即便私底下也不会。

问题和不安全感之间存在差异，这两者都可能会出现在梦中。问题是关系中所存在的紧张点，通常会与脾气秉性或者态度的不同有关。交流问题会在有关关系的梦中占据一席之地，因为两人之间的紧张关系通常会妨碍两人之间进行开门见山的谈话。任何与交流不畅有关的梦——也许是电话在你开始说话的时候变成了汉堡包——都是源于在生活中你和另一个人永远都不会把问题拿出来讨论。

问题是双方面的，但是一段关系中的不安全感通常只有一个人能体验到。你也许担心自己在一段友情中无足轻重，你的爱人将会离开你去另寻他人，或者你不能提供他们需要的经济或者情感上的支持。这些都可能是产生这种感觉的原因。很多的不安全感是没有来由的，梦可以促进自我分析，让你看清这点。如果将自己的不安全感对相关的那个人倾诉，也许会有所帮助，因为你的朋友或者爱人会受到很大的触动，甚至是无意识地给予你一些安慰。有关不安全感的典型梦境包括在人群中找不到某人、一件解开的衣服，或者在比赛中表现不佳。

如果你的爱人感觉没有安全感，你也许会为他们情感上的脆弱感到负担，因为这很好地表明了他们对你的依赖。在这样的情况下，你的梦也许会充满幽闭恐惧——也许是被掩埋、穿着太过厚重的衣服，或者被困在电梯中（它也许能带你去更高的楼层，却让你觉得恐慌或者烦躁不安）。但是，梦中的幽闭恐惧很难解析，因为它可以跟你生活中的任意领域相关，包括你的事业。

不是很熟的朋友有时也会出现在梦中，因为你对他们有些摇

摆不定。你也许是不能确定自己对他们的态度和感觉，或者他们对你的态度和感觉。你也许是对他们感觉好奇，或者他们也许在不经意间让你想起了以往的某个对你来说很重要的人。

虚构的人物更加复杂。弗洛伊德认为，他们有时代表着我们在早年时候与父母之间未解决的问题，有时代表着某种希望或者担忧。而且，他们也许还会有着我们所崇拜或者不喜欢的品质，甚至是我们自己不同的另一面。

当解析你梦中出现的其他人时，你需要留意他们的外貌和行为，但是同时也要重视你对他们的感觉。如果他们告诉你名字，那你便可以用自由关联或者直接关联的方式来进行解读，因为名字也许有着象征性的言外之意。

亲近或疏离？

22 号梦工厂

做梦人

帕特里夏（Patricia），31 岁，有一个谈了很久的男朋友，她很爱他，但不知道自己是否想要嫁给他。她的很多朋友都怀孕了，但是她一点都不急。她是一个公司的活动组织者。她的工作给予了她一种令人向往的生活方式——充满了新人、旅行和聚会——但是她开始觉得这种生活方式压力大，而且流于表面的生活并不适合她，她想要换个工作。

梦

帕特里夏在去机场的路上非常着急，因为她已经迟到了。现在是星期五晚上，她知道人一定非常多，因为人们都会在周末外出。但是当她赶到机场时，那里却一个人都没有，这让她感觉无比的惊慌失措。她四处找，想要找个人给她办理登机手续，但是根本没有人。她红色的皮包似乎要比往常大很多，真的非常重，因此她将它放在一个空椅子上，等待有人来帮她。

一位有着一头长长黑发的迷人女士凭空出现，静静地跟她招了招手，然后慢慢地走向一扇门。帕特里夏穿过那扇门，便开始往下坠落。她闭上了眼睛，突然扑通一声坠落在一张奢华的座凳上，刚刚那位女士递给了她一杯鸡尾酒。她不停地想自己的包，里面装满了很多重要工作文件，还留在那椅子上，但是她知道自己无能为力，因为安全带已经系好，飞机也已经开始起飞。就在这时，飞机驾驶员出现了，并把包递给了她，但是现在这个包只有她的手那么大。她打开包，蝴蝶飞了出来。

解　析

旅行是三层梦中都很常见的主题。帕特里夏经常光顾飞机场。她知道星期五会有很多人，这是潜意识的想法。飞机场却奇怪地空无一人，而她的惊慌反应显示这已转换成了第二层梦——她对孤独的恐惧也许可以追溯到童年时期，但是迷失方向也许与她现在的顾虑有关。

迷人的女士也许代表了只有帕特里夏才知道的个人含义，但是这个角色也许与第三层的原型，即能够获知深层内部秘密的女性意向有关。她甚至代表了帕特里夏较为明智的一面。虽然这名女士有一些消极影响（帕特里夏穿过门之后便掉了下去），但总的来说她还是一个积极的象征符号（她为帕特里夏指了路，还端上了鸡尾酒，奢华且友善）。她的行为暗示着帕特里夏应该进一步了解自己本性中的这个方面。

超大的红色提包在整个梦中都是帕特里夏关注的焦点。首先，它很重。一丢了包，她就觉得必须亲自将它取回来，但是飞机驾驶员——也许象征着她的男朋友——帮她找到了她的包，暗示着帕特里夏并不总是需要掌控一切。包包的缩小也许暗示着帕特里夏的工作对她来说不那么重要了，而飞出的蝴蝶是转变的一种古老象征，暗示着她其实在寻求改变和自由。

包包之类的容器是潜意识在梦中使用的引人注目的象征符号，因为它可以容纳很多不同的象征内容，让其自身拥有丰富而且摇摆不定的含义。在这个梦中，包包两度变化尺寸，也许暗示着做梦人没有一种稳定的自我认知——在她找到真正的自己之后，问题才能得到解决。

梦的阴暗面

　　一些心理学家声称我们在梦中会丢失自己的道德准则。这是一个颇具争议的问题。在梦中，我们肯定会和在清醒世界一样做出符合道德标准的选择。我们在梦中没有道德原则这样的观点很大程度上来自弗洛伊德的理论，他认为梦就是愿望的满足，遵从的是最初的天性而非社会准则。但是，道德准则远多于社会准则的总和，我们的很多道德感似乎都是与生俱来的。我们天生的道德感非常明显，比如，我们会同情那些遭遇不幸的人。是非观对我们来说非常自然，梦没有理由不延续这些品质。

　　但是，我们在审视梦中行为的时候，必须像对待清醒世界的行为那样谨慎小心。当做梦人在身体上攻击了某人，这也许并不能作为暴力倾向的象征，也可能是为了摆脱令人沮丧的困难。很多种类的沮丧在梦中都会被人格化——这些梦甚至明显与他人无关。任何在梦中被攻击（不管是做梦人还是其他人）的权威人物，都可以被看作是老师，反过来他也许代表着我们经过一番痛苦努力所获得的新技能，哪怕我们是想要从书中或者通过不断地试验获取这种技能，我们的潜意识都会召唤出一名老师来作为我们沮丧的焦点。同样地，如果做梦人攻击了某个长者，那这个人很有可能代表着被做梦人在清醒世界里忽略了的智慧或者建议。

如果我们发现自己在梦中遇见了敌人，另一种可能性是他（她）代表着我们自己性格中的阴暗面，包含着我们最不喜欢的自己，而其中大部分又被我们抑制在了潜意识中。

我们的价值观和道德准则都会出现在梦中。在梦中，我们甚至会拥有与现实生活中相同的喜好和憎恶。但是有做梦人报告称自己在梦中对日常引以为傲的东西漠不关心。有过出体体验的人也曾说过在梦中他们对自己的身体同样漠不关心（见第 216 页）。仿佛做梦人认识到了在清醒世界里非常重要的东西其实转瞬即逝，无关紧要。有时，情绪平稳的梦也许就是让我们从白天的紧张情感中解脱出来休息一下。焦虑之类的强烈情感会让我们精疲力尽，我们的梦也许暗示着我们应该更多地保持一种平衡感。有的做梦人说，在梦中，他们经历了某种形式的情感释放，仿佛独自置身于一片未被发现的诱人山水之中，从日常的责任感中解脱了出来。

愧疚是清醒世界中常见的情感。如果我们有道德准则和成套的价值观，那我们就会在没有达到自己的标准时对自己失望。小时候，当大人注意到我们的缺点时，我们便会觉得愧疚。因此，我们通常都会在显意识或者潜意识中虚构父母和老师，来监督并修正自己的行为。在梦中，这种自我责难的倾向似乎在逐渐消逝，这样我们才会在做梦的时候与自己更加协调。我们仍然有着自己的优势和缺点，但是一般会存在一种更加伟大的自我认同感。

相比之下，愧疚的感觉会在梦中生动地体现出来。在合谋杀害了邓肯王（King Duncan）之后，麦克白夫人（Lady Macbeth）总是产生幻觉，看见自己手上的血怎么也洗不干净，这就是潜意识会在梦中呈现给我们的画面。还有一些例子没那么极端，比如鞋上的泥怎么也蹭不掉；伤害无辜的小生命；领取超额的食物；毫无必要地毁坏了别人的物品。如果你因这样的梦感到不安，问问自己是否能找到理由为自己的愧疚辩护。如果能，就尽快弥补；如果不能，吸取教训继续前进。如果愧疚不能得到辩护，你就需要一定程度的自我分析，驱除萦绕在你心里的恶魔。

23 号梦工厂

做梦人

罗伯特（Robert），39 岁，建筑工人。他曾谈了几次长久的恋爱，但总是不愿做出承诺。现在，他再一次回归单身——他感到非常失望。最近，他与一名老校友聚了几次，这让他觉得自己对前女友的兴奋度要比对其他女孩多很多。

梦

罗伯特正在街上走着，这条街是他每天上班的必经之路，但是今天看起来有点不一样，因为他在用双手走路，好像这并没有什么不妥。草从灰色铺路石的缝隙中长出来，从他眼前经过的每一双鞋都会胡乱地评价一番，例如"你很快就会累的"和"非常不错，但是你没有我们闪耀"。他最好的朋友要他带上他们一起找到的藏宝图，但是他记不清自己带没带，而且他也没时间停下来检查，因为他必须在早上 9 点之前赶到目的地。他能听见有人在远处吹口哨，并且知道那就是想要藏宝图的人，所以他非常想要找到声音的来源。但是他并不慌，因为他想要保持稳定的"步伐"——他喜欢用手走路，感觉这样比成天劳累自己可怜的双脚健康多了。

解　析

街道、小路等类似的事物一般都象征着有某种目标的过程、机会、旅程。这条街是熟悉的，也许暗示着梦反映了罗伯特的日常行为方式。

但是，这次情况有些不一样，罗伯特在用手走路，这暗示着对改变的渴望，但同时暗示着他选择的方式有些不对。罗伯特也不可避免地看不到路人的脸，这是小孩子隐藏愧疚感的一种把戏。

同样地，他上下颠倒的行走方式也暗示着不成熟的窥阴癖——这样做可以往上看女士的裙子。鞋子在弗洛伊德式的观点看来象征着女性的生殖器，而且因为这是做梦人在他人身上所看到的一切，也许这表明他主要将女人看作是性交对象。鞋子所说的话自然象征着女性对这种态度的愤怒。

吹口哨是男子气概的象征，但是又是一种相当不成熟的行为——也许暗示着女人应该像狗一样，唯男人之命是从。因此，吹口哨的人也许就是罗伯特自己，而他需要在早上9点之前赶到的目的地也许表明了他将工作和其他事情置于爱情之上。

梦在提醒罗伯特不要让小草在自己的脚下疯长——他也许要错失最后一次恋爱的机会。承诺要带出来的藏宝图代表着将会获得令人满意的恋爱对象，也许是他的老朋友。但是罗伯特对自己是否带着藏宝图的怀疑暗示着他处于"迷失方向"的危险之中。他应该明白，他们都是成年人了，如果他要向她展示恋爱前景，那就必须是成年人式的。

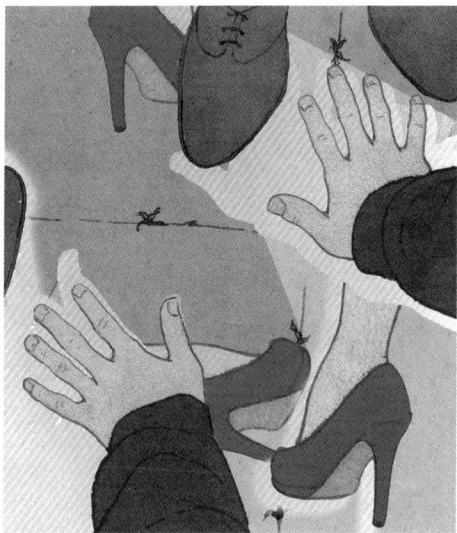

为了搞清楚我们人生中的旅程是否有着荒谬或者自欺的成分而颠覆常用的移动方式，这样的梦境并不常见。此梦中，用双手行走带来的独特视角引发了一个有关男性做梦人的成熟度的问题，尤其是在看待女性方面的成熟度。

隐喻的梦中情

对大多数人来说，性欲是一种强大的力量，尤其是年轻时，因此，它会出现在梦中一点都不奇怪——潜意识被实现愿望的渴望所占据。但是，欲望之梦只能解释为性冲动吗？

要回答这个问题，我们需要探索几种最为常见的性梦类型。性梦既可以在达到性高潮时戛然而止，也可以是一种极为平淡的性挑逗。这种克制也许是因为现在的世界上充斥着大量强烈的性视觉冲击，如此我们便没有必要再在做梦的时候梦见它们：微妙的挑逗对于潜意识更具吸引力。另一种可能——尤其是当我们梦见完美的人体时——是梦中的情欲感代表着我们在日常生活中被淹没的天生的创作欲。它们甚至还会反映我们的灵性灵感——一种想要与神性融为一体的愿望。尚未解决的性梦经历可以提醒我们那些塑造出生活的期待和失望的循环——提醒我们不要树立太多的错误希望！

另一种类型的性梦描述的是对抗某个特别的人的情感，或者源自性行为的矛盾。这种性质的梦会唤起强烈的焦虑感，因此想想它们为什么会发生非常重要。这些梦也许是试图让你去面对或者释放现实生活中的"性紧张",或者它们是在强调你必须一并接受恋爱中的快乐与忧伤。

尽管西方对于性爱的态度非常开放,这种主题仍然伴随着许多社会禁忌,因此,被压抑的性欲出现在梦境中也很常见,不管是通过窥阴癖、异装癖、露阴癖,还是通过其他类似的倾向。这样的梦指出了做梦人需要抛弃不必要的抑制和焦虑。但是,它们也可以隐喻在我们生活中的其他方面出现的问题。比如,梦见自己是一个"偷窥狂"也许代表着你在生活中的其他领域遭到了他人的排挤,而梦见自己穿着异性的衣服,如果你是女性,也许是意味着你需要发展你身上男性的一面,如果是男性则意味着要发展女性的一面。

红头发

激情?
异国情调?
危险?
喜怒无常?
特别?

脱衣服

禁止?
揭示?
坦诚?
好奇心?
诱惑?

窥阴癖者

羞愧?
力量?
超然冷漠?
孤独?
冒险?

拥有?
保密?
渴望?
忌妒?
亲密?

情绪线索

打开梦的魔盒

神话、传说和童话故事中的常见主题便是"发现"。英雄生活在一个饥荒肆虐或者暴君统治的国家，因而开始了一段寻找能够让家园恢复富饶和和平的魔物——通常是一笔惊人的财富或者一柄魔剑——的旅程。在路上他会遇见很多的原型故事——比如在一片黑暗的森林中迷了路，为一名漂亮的年轻女子所救，这名女子将他引到森林之外后便神秘消失了。他再次一个人上路，穿过贫瘠的旷野来到一座黑暗的高塔或者洞穴处，他要寻找的魔物就在里面，由一条恶龙守护着。英雄在搏斗中打败了恶龙，找到珍贵的魔物回到自己的国家，使之恢复到之前的辉煌时刻。

这样的旅程主题会以各种形式转向梦中的发现和救赎——尤其是在第三层梦中。一般的解释是说我们天生就有一种生活中缺失了某件东西的感觉，只要我们能够再次找到它，即便我们还不知道其真实本质，这件东西就会给我们带来丰富的回报。从灵性角度来看，"这件东西"通常就是我们自己，我们的灵魂与上帝之间的关系，我们的觉悟、我们的救赎或者任何看起来合适的术语；从心理学理论上看，"这件东西"就是整体观念。

伴随着"发现"主题的便是"丧失"这个主题，尤其是随着童年的逝去，我们所体验到的纯真也会逐渐逝去。亚当和夏娃的故事就是典型的丧失主题。在偷食了智慧树上的果实之后，亚当和夏娃受到了上帝的惩罚——人类获得了这种智慧后便能掌握自己的命运。潘多拉的故事也解释了这一点，她打开了禁盒，让一切灾祸从中逃逸了出来，折磨着整个世界。

第二层梦和第三层梦中，发现之梦是关于找到珍贵的魔物或者神秘的知识，或者遇见一个充满智慧的人，因此我们会享受到满足和愉悦。这样的梦也许反映了发现新观点或者新机会、生活中的新伴侣或者突然冒出的好运，以及——在第三层梦中——一些有关我们存在的灵性意义的神秘启示。

相比之下，梦见丧失也许是我们将自己引以为豪的东西放错地方或者弄丢了，这些东西也许是从我们指缝间溜走的，也许是从打开的窗户掉了下去，或者落入了河流之中，或者是掉进了人行道的夹缝中。有可能是钥匙、硬币或者珠宝，以及我们清醒时伴随左右的痛苦。经过解析之后你也许会发现，这些事情象征着青春的逝去或者分手之后爱人的离开，或者在生活的重压之下，丧失了寻找欢乐的能力。在第三层梦境中，也许是指支撑我们活下去的理想或者精神的逝去，这种丧失让我们至今为之惋惜。

丧失和发现一起被编织进了我们的生活。随着时间的流逝，每一分每一秒都在消逝，但是新的时刻又为新的发现提供了新的机会。梦可以提醒我们这样的事实，推动我们寻找一直隐藏在这

• 情绪线索

重聚？
惊喜？
宽慰？
兴高采烈？
启示？

种不稳定背后的真相，或者寻找某种能够让我们越变越好的力量。

发现或者丧失的体验，拥有或者失去的体验，迎接或者送别的体验，所有这些体验都在改变着我们存在的节奏和基调——以微妙或者喧闹的方式。如果坚持写梦日记，我们就能看到，随着时间的推移，我们的梦是怎样反映这些改变的——梦是在提醒我们，在这个不断变化的世界中，纠缠于已经失去的东西毫无意义。

丧失的某些形式是永恒的——随着年岁的增长青春和体力的丧失，遭受了生活的艰难之后纯真的丧失，爱人去世后伴侣的丧失。亲人的丧亡在梦中也许表现为做梦人与亲人之间物理距离的拉大，或者甚至可以看到逝去亲人正待在一个快乐的地方，安抚做梦人他们现在已然安息。其他形式的丧失是暂时的——外出旅行的爱人，建筑工人正在整修的家。梦将会如实地跟你反映这样的时刻。你应该自己做决定，无论是接受、修正、调整还是前进，或者将这些选择结合在一起。但是梦至少会帮你看清这些问题。

• 情绪
线索

缩减？
后悔？
成熟？
渴望？
孤独？

• 被偷了还是忘了
放在哪儿了？

24号梦工厂

做梦人

克里斯（Chris），51岁，母亲长卧病榻，两年前去世。他一直都跟母亲住在一起，在她最后的几年里一直照顾着她。尽管他因母亲的去世而承受了巨大的伤痛，他还是非常享受自己新发现的自由，甚至还交了个女朋友，但是他总是情不自禁地觉得愧疚，认为母亲不会支持自己的新生活。

梦

今天阳光明媚，克里斯出门走到荒野上，这时他看见地上有一个洞。他仔细看了看，发现了一条通往地底下的螺旋状阶梯，于是，他决定下去探探。他听到了里面传来的古典乐曲声，而且越往下走，那声音就越大。当他走到梯子的底端时，这才发现，自己位于一个遍是钟乳石和石笋的洞穴里。地上画着一个巨大的棋盘，一位衣裙飘飘的芭蕾舞女正站立在棋盘的格点中。他注视了一会儿，突然发现了自己的母亲，她体态匀称、面色健康，坐在沙发上边吃巧克力，边看着那个舞女。母亲对他说："不要忘记了花，安东尼。"看见了母亲，克里斯既疑惑，又高兴，但同时又为母亲叫错了自己的名字而惊愕。

解　析

这个梦中的象征符号要更显得让人疑惑。阳光明媚的天气也许意味着克里斯新的自由，荒野中大敞着的洞代表他现在有机会离开，而且能更自由地呼吸。

然而，地上有洞有多种释义，其中有些释义相互矛盾。比如说，我们可以认为"在洞里"隐喻着处于困境中，或者我们可以理解成是"将高尔夫球打入洞中"，这意味着成功。用弗洛伊德的解析方式来看的话，洞穴也可是性欲的象征。但克里斯的这个梦与性并没有明确的相关之处。更可能的是，洞穴和螺旋阶梯意味着跌入更深的迷茫中。

克里斯往下走时听到了古典音乐，在解梦前，我们需要知道这种音乐的风格是什么（是快乐还是忧郁？），克里斯怎样看待这种音乐。然而，古典音乐通常都有助于我们的情绪变好，因此在这点上我们至少可以把古典乐看成是一个正面的象征。

克里斯的亡母看起来很健康，还在吃巧克力，这个梦境代表着满足感，而她的笑容也增强了这种感觉。至于她提到花和她没认出克里斯，很有可能是克里斯对享乐生活的内疚之心的投射。但我们可以感受到，虽然克里斯没有每周都去他妈妈的墓前放一束鲜花，他仍为失去心爱的妈妈而感到异常悲痛。很明显，克里斯必须独立经营自己的人生，不能永远沉湎于对妈妈过世的悲伤里。

最后，谁是那个舞女呢？也许这代表着他的新女友。如果是这样的话，棋盘就说明，他感到追求女友的过程是一场费力的游戏，正如下棋一般。是他在这方面太过理智，还是他已忘记经营好一段关系需要付出情感？

丧失亲人的痛苦会让我们做一些令人费解却又对我们有所帮助的梦。一场关于逝去亲人的梦可以带来情感上的安全感。它的释义也许很矛盾，也许也反映出了我们内心的愧疚之情，但是其潜在的含义是逝去的亲人将永远和我们在一起——即便是在我们享受生活的愉悦时。

第六章

无限维度的梦

在更高级的梦境中，你可以看清自己是在何时穿过纱帘从清醒世界进入这个无限的新维度的。在此，几乎所有事情都能发生：你可以找到创作灵感，与他人分享梦境，甚至离开肉体。这章中我们还会讲到清明梦，它不仅能让我们体验到更加激动人心的梦境，还有助于我们认知自己本性的内心发展。

梦的心灵感应

做梦的时候，我们大多数人都不会发现这只是个梦。无论多么怪异，我们都会认为它们是真实的。但是，有一小部分的人，有能力（至少是有时）知道自己在做梦，并控制梦境内容。这样的例子被称为清明梦，对一些人来说，清明梦是他们接触神秘现象的门径，包括出体体验、心灵感应和透视能力。

虽然清明梦一生中只会发生一两次，但它们会给做梦人留下深刻的印象。当一个梦变成清明梦，做梦人一般会感觉到一种汹涌而来的兴奋感，而梦中的色彩会更显鲜艳逼真。此时，做梦人能够引导梦的进程，也许是决定去拜访一个遥远的地方、一位睿智的老师或者一个学习的圣堂。通常，梦都是被动的，而且整个场景构造已经非常丰满。但是，四周的景象却不像我们所想的那样，睿智的老师也许变成了一个孩童，学习的圣堂是森林中的一座小棚屋，而做梦人常常对这些场所和人物有着明显不同的印象，这不是做梦人心目中的样子，而是一种独立的存在。这一体验唯一存在的问题是，清明梦会突然停止：做梦人对这一切失去了控制，而梦境又慢慢转变成正常的样子。

通过更加仔细地观察梦中事件就有可能获取创造清明梦的能力。这将能让你注意到梦即将发生时的异常反应——汽车变成了马拉汽车，一排的房屋都没有前门，而且动物还会说人话。提升你的观想技能将会帮助你获得这样的能力。另一种方法是在白天不断重复地告诉自己，留心观察任何会出现在梦境中的异常现象；在醒来的时候常做真实性测评，问问自己怎么知道当时你没有在做梦。试着在答案中做明确说明——我知道我没有在做梦，"因为如果我看一眼窗外，然后闭上眼睛，再睁开眼看一次，窗外的景色没有变化"。一种古老的萨满教练习说，在白天的时候告诉自己将会在梦中看着自己的双手或者双脚，这样来提醒自己，梦已经开始了。一旦你真能在梦中做到这点，那你的梦就会变成清明梦。此外，你还可以选择在梦中看见诸如你家的前门或者大厅钟一类的物品。但是，另一种方法是选择一个最常出现的场景和事件（比如坐在车中），然后告诉自己下一个梦中就会出现这样的场景和事件，你便能知道自己开始做梦了。

在效果出现之前，你需要长时间地重复练习这些方式方法；和其他有关梦的研究一样，坚持和耐心非常重要。一旦你开始做清明梦，你就要决定好下一个梦应该是什么样的内容。你想去哪儿？你想穿越时空吗？你想遇见谁？清明梦可以是一种强烈的灵性或者揭露性的体验。同时也要做好准备，这种能力是来无影去无踪的。我们也许会有一次清明梦的体验，但是接下来很长一段时间里它都不再出现——原因还不甚明了，但是对清醒世界中的担心和压力总会有一定的抑制作用。

灵魂出窍

据称清明梦会引发出体体验（OBEs），此时显意识会感觉得到离开了肉体，独立存在。这样的体验通常会自发发生，有时发生在清醒世界里，但更多的是发生在睡觉的时候。在经历这种体验时，体验者会发现自己从肉体中站了起来或者飘了出来，他们可以平心静气地俯视自己的肉体——仿佛自己看到的是别人的身体，就像是看脱下来的衣服一样。这种超脱的感觉在由濒死体验引发的出体体验时尤为强烈，此时有此体验的人会因为心力衰竭或者其他原因，经受短时间的临床诊断后被判定为死亡。一般来说，在复苏之后，意识会极不情愿返回肉体。

有报告称，一旦离开了肉体，意识并不会存在于真实世界，它会穿墙术，可以去往任何想去的地方，或者去往一个与现实世界不太一样的地方，称为"星体世界"。专家声称，其实并没有任何东西离开了肉体：梦境意识只会以真实世界为"模型"创造一个想象中的世界。但是，研究已经展现了一些人在离体之后，是怎样对物理环境做出反应的。在一项有卡尔斯·塔特教授（Professor Charles Tart）参与的研究中，在戴维斯加州大学的睡眠实验室，一位年轻的女士能够在出体的时候认出五本随机的书籍，并在出体结束后将它们回想起来。在由威廉姆·洛尔（William Roll）和已故的罗伯特·莫里斯教授（Professor Robert Morris）所组织的另一项不同的研究中，一名年轻男子能够在出体的时候，在几个街区之外影响他家宠物的行为。

我们也已经报道过,有人称自己看见正在出体的人的意识离开他(她)的身体——实际上,我自己也曾见过,那是我这辈子印象最为深刻的体验之一。我所看到的朋友非常真实,以致我还以为她真的站在我面前。我跟她说话,然后看到她慢慢变透明,直到最后消失。

梦似乎是出体体验中途停下歇脚的小客栈,很多方法似乎都能将梦变成出体体验。据我所知,最好的方法之一是想象自己在睡觉的时候随着电梯的上升而上升,记住,当电梯到达顶楼时,你要从中走出来。同样地,你可以观想你需要在梦中穿过一扇门。另一种方法就是在做梦的时候,将你自己慢慢导出体外,想要加强这种指令,你可以在睡觉的时候想象出体已然发生。无须多说,如果你很焦虑,或者情绪不稳定,那就不要尝试了。

超自然的通灵梦

古往今来,有很多人通过做梦,知晓自己所爱的人的去世,看到一桩即将降临的灾难而及时规避,或者获知一些无法通过其他手段获知的信息。这些体验的出现都是超自然的,但是它们究竟是有着某些基本规律,还是说这只是某种程度上的幻象?

在睡觉的时候,显意识会安静下来,让潜意识去捕捉白天漏掉的信息,影响梦的内容。有研究表明,那些看似通灵的事件,其实是超自然现象。纽约迈蒙尼德医疗中心(Maimonides Medical Center)的梦境实验室在几年前进行研究,让志愿者在实验室睡觉,而实验人员则试着通过传心术向他们发送图片。当醒来描述梦境的时候，受验者报告的梦境都与照片有着明显的关联，完全超出了巧合的可能性。

还有一种可能，我们也能受到其他受验者的影响，或者甚至是与那些被我们称为死去了的人进行交流。这也许可以解释人们为什么会梦到前世，或者在催眠过程中接触到此类的记忆。不用唤起做梦人所拥有的前世，他（她）就能获知逝者的记忆。

研究表明，如果我们更多地去记住、控制以及解析梦，我们就更有可能做通灵梦，就越有可能预知到结果。尝试着去寻找梦日记中所记录的事件与你日常经历之间的一致性。前者是否在预示着后者？我们不能太过随意地接受超自然现象，这一点很重要，但是我们要对其存在的可能性保持一种开放的态度，这也很重要，因为过分的怀疑会约束其运转。如果你梦见自己死去的亲人，问问自己是否坚信当时那个人真的存在，是否充满活力。这个梦是不是就是关于他们的，还是梦给你传达了他们真实存在的一种感觉？这种存在感强烈地暗示了超自然力量的存在。

几种东方教派，如印度教和佛教，坚持认为静坐修行可以提升通灵能力，此外还有帮助提升能力的练习。刚开始的时候你可以做一些字谜练习（在 68 页我们介绍了这种方法）然后再慢慢带着无法通过普通意识解决的问题入睡。比如，你可以帮助朋友找到遗失的物品，或者当你不记得某人生日时，以此来确定他（她）的生日。

通灵能力是人类天性中与生俱来的一部分，只要条件合适，比如梦，就能做到通灵。那些有过此类经历的人坚信这一点，并且通常会从心底倍感欣慰，因为他们知道，人死之后还可以享受来生。

心有灵犀的梦

"共享梦境"有两个意思：第一，大家聚在一起讨论自己的梦；第二，在有的情况下，两个人好像做了相同的梦，有时甚至会出现在彼此的梦境中。

一群对梦有兴趣的人聚在一起讨论梦境将会是一种很有用的练习，这样可以将注意力集中在这些梦的重要性上，为所有参与的人们提供更加丰富的梦境内容。每个人都可以分享有关怎样更好地去记忆和解析梦境的信息，这可以帮助做梦人比较有建设性地去思考它们的内容和逻辑。

有时人们彼此分享的梦境都相对少见，而且总是非常有意思。有时它们就是纯粹的巧合——比如，如果我们两人在白天的时候参与了同一个活动，我们就很有可能会做相似的第一层梦（见第28—29页）。有时，尤其是当两个人在情感上非常亲密的时候，有些更加非同寻常的事情似乎就会发生。当妻子梦见自己追赶公交，醒来之后丈夫就会问她赶上没有。或者丈夫梦见在游泳池里潜水，而与他同时醒来的妻子也许会跟他说泳池里的水太冷了。在这种情况下，两个做梦人似乎输入了同样的东西，而梦就会是两种记忆、成见、复杂性和动机的混合体。

有的心理学家一心想要触发共享梦境的发生。最易成功的技巧之一便是共同催眠，因为催眠和做梦都能接触到深层次的潜意识。两个人面对面坐着，一直重复催眠指令。随着他们同时进入睡眠（或者迷睡状态），两个人都进入了一个事先安排好的梦境中，接下来，梦境便会接管两个做梦人的意识，让其跟随自己的进程。（这样的实验只能在受过专业催眠训练并取得相应资格证书的催眠师的指导下进行。）

超个人心理学家（见第17页）有时会使用一种相同的方式，被称为指导性白日梦或者幻象。所有心理学家，包括西格蒙德·弗洛伊德，在对其客户进行精神分析的治疗过程中，有时会体验到心灵感应交流，这表明，在似梦的状态下，意识可以靠得更近。

灵感走出梦境

　　些人认为他们没有创造力，或者没有观想的能力。但是，就像每天晚上梦给我们展示的那样，我们都有创造能力。大多数心理学家都相信，创造性起源于潜意识，而潜意识总在思想和经验中来回游荡，寻找一些可用的东西，然后将点子递交给显意识，再由显意识将这个点子编辑成可接受的模式。

　　但是，很多音乐家、作家和艺术家声称，整个过程要比这复杂得多，有时这些点子会来自其他地方。据说，莫扎特仿佛能够客观地"听到"他的音乐，而意大利作曲家朱塞佩·塔蒂尼（Giuseppe Tartini）曾经梦见恶魔前来拜访，并弹奏了一曲"超越了他最广泛想象力"的奏鸣曲。虽然醒来之后不能完全回想起来，但塔蒂尼仍将《魔鬼的颤音》（*The Devil's Trill*）看作是他写得最好的曲子。罗伯特·路易斯·斯蒂文森（Robert Louis Stevenson）发现，在睡觉之前给自己讲故事，那他的"小人儿"（他这么称呼它）就会在他的梦中继续那个故事，在"他们发光的剧场中"讲完故事之后便又开始创作。

　　但是梦中的创作灵感并不是音乐家和作家的专利。据说，早期量子物理学的关键人物尼尔斯·波尔 （Niels Bohr） 曾梦见一直在寻找的原子模型， 而俄罗斯化学家门捷列夫 （Dmitri Mendeleev） 曾梦见元素周期表——但其中只有两个元素他印象比较深刻。

在所有的这些例子中，作家和科学家都沉浸在自己的工作中，寻找新的突破口——因此，灵感也许是来源于潜意识，潜意识在夜里重温思维过程时形成了新的想法。但是另一种理论是说梦的灵感来源于一种更为灵性的源头，只有做梦人有决心而且乐于接受才会发挥作用。相信灵感能够出现在你的梦境中，这不失为一种激发灵感的好方法，所以，试试下面的方法：

· 确定你想要的灵感（例如，你要写的那首歌的主题）。

· 时常思考你想要的结果，自信地告诉自己会在梦中获得这样的结果。

· 不要刻意地去寻找灵感。

· 睡觉的时候在脑海中保留你的希望。

· 记下你的梦，用自由或者直接关联找到所有象征符号所可能代表的意思。

· 耐心等待。如果灵感没有立刻出现，告诉自己第二天晚上它一定会来。

梦境预见未来

几个世纪的人类经验表明了梦与精神自我之间的联系。从最早期开始，人们就声称在梦里接受了各种精神来源——上帝、圣人或是守护神——的指导，通常是以他们无法用"正常"渠道获得的告知方式。这使我们更加确信我们不只是物质自我，而且生理的死亡也并不是人类意识的终结。

东方宗教对意识和精神本质的探索远比西方科学更为广泛，它宣扬后世的底层就相当于梦境，因为它们一部分是由自身带去的期待、回忆和信念创造的。我们可以说这些现象形成了一种集合——像极了尘世生活中那举世共享的无意识的集合。这些对于后世的描述与西方那些通过与逝者交流而得的描述，竟然有趣地一致。这一切都表明，灵魂在来生中的活动与我们每晚都会做的梦之间有着密切的联系。

此外，在东方，睡觉有时被描述成"微型死亡"，在这种状态下，我们抛下了来自生理和世俗时空的束缚。精神有所提高，就能帮助我们将对梦的控制提升到更高水平，尤其是要根据以下三个重要方法。

· 能够记住梦，更多地注意梦境里所发生的事。

· 能够做清明梦，在这样的梦里，试着对我们所梦到的事进行一定程度的掌控。

· 能够寻求指导并找到第三层梦所揭露的东西。

前两种方法是为第三种方法做铺垫，并且本书的前面部分对其有所涵盖。其他的精神活动也与这第三种方法密切相关，比如冥想、解读精神材料和努力实现个人理想。

提高对梦的掌控力，那么出现第三层梦和一切深层次的梦的概率也会同时提升。梦总会顺其自然地、几乎出其不意地进行，清明梦就是这样。比如，如果我们想与一个死去的朋友取得联系，我们也许会看到他，可他却不说话，而且好像意识不到我们的存在。或者我们还会遇到一些人，他们好奇地看着我们，好像我们不属于他们的世界。这些如此出其不意且神秘莫测的邂逅足以使我们相信它们只不过是我们想象的产物，而且如果有另外一个世界，那么我们要从中学习的也会和我们要从当前现实中学习的一样多。有了分享梦的奇妙经历（在这种经历中，我们通过预先安排，在梦里遇见一个活生生的人），再加上对来生的觑见，我们就会明白今世与来生的界限比我们想象中要变化多端。

藏传佛教传统认为倘若能正确利用这些梦境，那么即便在它们发生时，我们都能使自己认识到它们只是我们意识的产物。据说发展这种意识，我们就能够操纵后世的经历。不被这些奇怪的事情分心，而是让自己的意识集中在"欢乐的清晰光芒"上，它们代表了最终的事实，而且会将我们从虚幻的世界带到天堂——意识的那种纯粹而统一的形态。对比而言，西方的神秘传统认为后世（所谓的低层星界，我们做梦的时候就能到达那里）的经历会提供学习机会让我们到达上层星界，如此我们就可以从那里来到纯净意识的王国。

总之，第三层梦有着后世的某些特征。它们也能带给我们奇妙的经历，我们在其中参与见证了一切现实层面之下的统一与爱。在更为现实的层面上，这些梦为我们个人精神的发展提供了特别指导。

然而，即便最具深刻含义的梦也无法向我们展示最终的现实。梦能让我们一览远国的山麓，然而仍然有一些东西是我们无法看到的。在遥远的将来，这片土地还会向我们揭露更多的东西，可即便到了那时，我们也还会发现身后总有一些遥不可知的山麓，它们仍然是未解之谜，就像永恒本身那样无穷无尽。

25 号梦工厂

做梦人

爱丽丝（Alice），67 岁，图书管理员，从小就作为虔诚的基督教徒被养大。她年轻时抵制教堂，可令她惊讶的是，最近她居然有想参加礼拜仪式的冲动。

梦

只是因为说了一番自认为幽默的话，爱丽丝就惹怒了一名前同事。他一点不觉得有趣。她感到很尴尬，同时也因为发现他故意生气而恼怒。她和他理论，可他并不听，还背对着她。他们就站在她童年家里的起居室的窗边。突然，窗前翻动的白色窗帘吸引了她的注意，她还看到窗台上有一个插满紫丁香的花瓶。她走进查看那些花，却惊讶于看见这么多拥簇的花团，它们的香味令人陶醉。接着一只巨大的鹰优雅地滑翔而过，落到窗边，还用喙啄着窗玻璃。

解 析

这个梦展示了一个不和谐的例子。爱丽丝认为她的话很幽默，可她的同事并不觉得，还无礼地背对着她。要是我们猜想，在这个梦境，那个同事就代表着她自身的某一个方面，那么这就说明爱丽丝的自身中低层心境和高层灵界之间存在着某种矛盾，而且还是严重不可调和的矛盾。在这件事上，爱丽丝感受到了尴尬和愤怒，这就给她建立自己的身份造成了不必要的麻烦。梦境好像还展示了这与她早期的经历相关，因为她发现自己回到了从小生长的地方。

然而，爱丽丝因飘动的白色窗帘而分心。而且还对花瓶里紫色的丁香痴迷。白色是一种情感上很矛盾的色彩。因为在西方，它象征着童贞和纯洁，而在东方它却象征着死亡与哀悼。对于在基督教传统中长大的爱丽丝来说，前者似乎更为相关。这表明处理她身份上的矛盾要依靠重新挖掘她的基督教信念。

丁香又是另一种矛盾的象征。尽管有些人把它作为春天和重生的象征，可是有些人（有人说，它不能带进家门）也会把它作为霉运的象征。也许这暗示了宗教的调和能力——不仅是对我们自身内部众多矛盾的调和，也是对我们生活中各方面的欢乐与严肃的调和。同时，梦中的每一个丁香花簇都是由许多小花儿构成的，这也能够代表万众合一，也就是说象征着一切事物的最终统一。

　　鹰的到来是一个标志性的结局，到这里就可以强烈地感受到，梦正从这里转向第三层梦。爱丽丝或许也能感觉到，梦就是圣约翰的标志，他的教义是四种宗教中最为神秘的。是否回归到基督教堂要由爱丽丝来决定，然而她的梦已经反映出，她已经迫不及待地想要回去。

参考文献

波尔·P（Ball, P.）（2006 年）《创造性梦境的力量》（*The Power of Creative Dreaming*），伦敦和纽约：昆腾和福尔舍姆（Quantum/Foulsham）。

博思·M（Boss, M.）（1977 年）《揭示梦境真相的新方法及其在心理治疗中的作用》（*A New Approach to the Revelations of Dreaming and its Uses in Psychotherapy*），纽约：加德纳（Gardener）。

法拉第·A（Faraday, A.）（1972 年）《梦的力量：梦在日常生活中的作用》（*Dream Power: The Use of Dreams in Everyday Life*），伦敦：潘神图书公司（Pan Books）。

芬威克·P（Fenwick, P.）和芬威克·E（Fenwick, E .）（1997 年）《隐藏的门：理解并控制梦境》（*The Hidden Door: Understanding and Controlling Dreams*），伦敦：霍德·海德兰出版集团（Hodder Headline）。

方特纳·D（Fontana, D.）（1994 年）《梦境密语》（*The Secret Language of Dreams*），伦敦：邓肯·贝尔德出版社（Duncan Baird Publishers）；旧金山：编年史出版社（Chronicle）。

方特纳·D（1996 年）《梦之研究》（*Learn to Dream*），伦敦：邓肯·贝尔德出版社；旧金山：编年史出版社。

方特纳·D（2007 年），《创造性观想和可视化》（*Creative Meditation*

and Visualization），伦敦：沃尔金斯（Watkins）和邓肯·贝尔德出版社。

加菲尔德·P（Garfield, P.）（1976 年）《创造性梦境》（*Creative Dreaming*），伦敦：富利（Futura）。

加菲尔德·P（1991 年）《梦的治愈力》（*The Healing Power of Dreams*），纽约和伦敦：西蒙与舒斯特（Simon & Schuster）。

古德温·R（Goodwin, R.）（2004 年）《梦中世界：梦是怎么发生的》（*Dreamlife: How Dreams Happen*），马萨诸塞州大巴灵顿：林迪斯图书（Lindisfarne Books）。

海里法克斯·J（Halifax, J.）（1979 年）《萨满巫师的呼声》（*Shamanic Voices*），纽约：E.P. 达顿（E. P. Dutton）。

霍尔·C. S（Hall, C. S.）和罗德比·V. J（Nordby, V. J.）（1972 年）《个人和他的梦》（*The Individual and His Dreams*），纽约：新美国图书（New American Library）。

赫恩·K（Hearne, K.）（1989 年）《展望未来》（*Visions of the Future*），韦灵伯勒：宝瓶座出版（Aquarian Press）。

赫恩·K（1990 年）《造梦机器》（*The Dream Machine*），韦灵伯勒：宝瓶座出版。

希尔曼·J（Hillman, J.）（1989 年）《基本的詹姆斯·斯尔曼》（*The Essential James Hillman*），伦敦和纽约：劳特里奇（Routledge）。

霍尔比奇·S（Holbeche, S.）（1991 年）《梦的力量》（*The Power of Your Dreams*），伦敦：皮尔特克斯（Piatkus）。

英格利斯·B（Inglis, B.）（1988 年）《梦的力量》（*The Power of Dreams*），伦敦：圣骑出版（Paladin）。

琼·R. M（Jones, R. M.）（1978 年）《梦境新心理》（*The New Psychology of Dreaming*），哈蒙兹沃斯（Harmondsworth）和纽约：企鹅出版公司（Penguin）。

荣格·C. G（1963 年）《记忆、梦、反应》（*Memories, Dreams, Reflections*），伦敦和纽约：劳特里奇。

荣格·C. G（1968 年）《分析心理学：理论和实践》（*Analytical Psychology: Its Theory and Practice*），伦敦和纽约：劳特里奇。

荣格·C. G（1972 年）《四种原型》（*Four Archetypes*），伦敦和纽约：劳特里奇。

荣格·C. G（1974 年）《梦》（*Dreams*），新泽西州普林斯顿：普林斯顿大学出版社（Princeton University Press）。

荣格·C. G（1983 年）《荣格作品选集》（*Selected Writings*），伦敦：丰塔纳图书（哈珀·科林斯）[Fontana Books（Harper Collins）]。

荣格·C. G（1974 年）《梦境分析》（*Dreams Analysis*），伦敦和纽约：劳特里奇。

莱纳德·L（Lenard, L.）（2002 年）《梦境指南》（*Guide to Dreams*），伦敦和纽约：多林·金德斯利（Dorling Kindersley）。

马腾·M. A（Mattoon, M. A.）（1978 年）《应用梦境分析法：荣格式》（*Applied Dream Analysis: A Jungian Approach*），纽约和伦敦：约翰·威利父子出版社（John Wiley & Sons）。

马夫罗马蒂斯·A（Mavromatis, A）（1987 年）《入睡状态：独特的清醒和睡着之间的显意识状态》（*Hypnagogia: The Unique State of Consciousness Between Wakefulness and Sleep*），伦敦和纽约：劳特里奇。

明德尔·A（Mindell, A.）（2000 年）《醒时的梦》（*Dreaming While Awake: Techniques for 24-Hour Lucid Dreaming*），弗吉尼亚州夏洛茨维尔：汉普顿路（Hampton Roads）。

厄尔曼·M（Ullman, M.）和林默·C（Limmer, C.）（编辑）（1987 年）《各种梦体验》（*The Variety of Dream Experience*），纽约：康迪努姆（Continuum）；伦敦：高炉出版社（Crucible）。

厄尔曼·M 和齐默尔曼·N（Zimmerman, N.）（1987 年）《研究梦》（*Working With Dreams*），伦敦：宝瓶座出版；纽约：埃莉诺·弗里德图书（Eleanor Friede Books）。

厄尔曼·M，科瑞普纳·S（Krippner, S.）和沃恩·A（Vaughan, A）（1989 年）《梦境心灵感应：夜间的超感官知觉》（*Dream Telepathy: Experiments in Nocturnal ESP*）第二版，北卡罗来纳州：麦克法兰（McFarland）。

厄尔曼·M（1996 年）《梦的赏读：团体研究》（*Appreciating Dreams: A Group Approach*），加州千橡城（Thousand Oaks）和伦敦：塞奇（Sage）。

凡·德·卡斯特·R（Van De Castle, R.）（1971 年）《梦境心理学》（*The Psychology of Dreaming*），新泽西州莫里斯顿：大众学习出版社（General Learning Press）。

惠特曼·E. C（Whitmont, E. C.）和柏瑞拉·S. B（Perera, S. B.）（1989 年）《梦：一部分的根源》（*Dreams, a Partal to the Source*），伦敦和纽约：劳特里奇。